SUITTE DU COURS

DE

MATHEMATIQUE

CONTENANT

DIVERS TRAITEZ

COMPOSEZ ET ENSEIGNEZ

A MONSEIGNEUR

LE DAUPHIN.

PAR F. BLONDEL PROFESSEUR ROYAL *en Mathematique & en Architecture, de l'Academie Royale des Sciences, Maréchal de Camp aux Armées du Roy, & cy-devant Maître de Mathematique de Monseigneur le Dauphin.*

A PARIS,

Chez {L'Auteur au Faux-bourg S. Germain ruë Jacob, au coin de celle de S. Benoît.
Et Nicolas Langlois ruë S. Jâques à la Victoire.

M. DC. LXXXIII.
AVEC PRIVILEGE DU ROY.

TRAITEZ

CONTENUS

DANS CE SECOND

VOLUME.

I.

DE L'ARITHMETIQUE

SPECULATIVE.

II.

DE L'ARITHMETIQUE

PRATIQUE.

TABLE

DES LIVRES ET CHAPITRES
contenus dans ce Volume.

TABLE

TRAITÉ DE L'ARITMETIQUE PRATIQUE.
LIVRE PREMIER.

LIVRE SECOND.

Des Fractions.

TABLE.

LIVRE TROISIE'ME.

Les Regles de Proportions.

LIVRE QUATRIE'ME.

TRAITTÉ
DE
L'ARITHMETIQUE
SPECULATIVE.
LIVRE PREMIER.

CHAPITRE PREMIER.

De l'Arithmetique en General.

NOUS avons dit ailleurs que l'A-rithmetique êtoit cette partie de la Mathematique pure, qui considere la quantité discrette; Ou pour dire en moins de mots, l'Arithmetique est *la Science des nombres.*

A

Euclide dit que le Nombre *est une multitude d'unités jointes ensemble.* Où il paroît qu'il
ne considere *l'unité* dans l'Arithmetique, que
comme l'on considere le *Point* dans la Geometrie, lequel est indivisible & n'est pas une
quantité, mais seulement Principe de la quantité continüe. Ainsi cet Autheur, dans le septiéme, huitiéme, & neuviéme Livres de ses
Elemens, où il a traité des proprietés des Nombres, suppose l'unité indivisible, & comme telle, Principe de la quantité discrete ou des
nombres.

Il est vray qu'ayant eu pour but principal
dans tout son Ouvrage de rechercher les proprietés des cinq Corps reguliers, il n'y a con-
sideré les nombres, qu'autant qu'il lui a été
necessaire pour parvenir à la conoissance de
certaines lignes qu'il appelle *irrationeles* ou
sourdes, c'est à dire qui ne sont pas entr'elles
comme nombre à nombre, & qui se rencontrent
dans la comparaison de ces Corps les uns aux
autres.

Ainsi il ne faut pas s'étonner qu'il n'ait pas
épuisé la matiere des nombres dans ses trois
livres, où, comme je viens de dire, il suppose
l'unité indivisible & où il ne considere que les
nombres entiers. Quoy que dans l'usage ordinaire l'unité soit souvent divisée & qu'elle le
puisse être en parties infinies, que l'on appelle

des *nombres rompus ou des fractions* , lesquelles ont leur *Algorithme* , c'est à dire leur supputation particuliere , aussi - bien que les nombres entiers , comme il se voit dans l'explication des regles de l'Arithmetique pratique.

Nous allons neanmoins discourir de ce qu'il y a de plus considerable dans les Livres d'Euclide ; aprés quoi nous dirons quelque chose de ce qui se trouve ailleurs de plus beau sur le fait des proprietés admirables des nombres. Il dit donc

CHAPITRE II.

Definitions des Nombres.

QUE lors qu'un nombre *mesure* , c'est à dire qu'il divise precisement un autre nombre, il est appellé *partie* , ou *partie aliquote* du même nombre. Et le nombre qui est *mesuré* c'est à dire divisé precisement par un autre nombre , est appellé *multiple* du même. Ainsi 3 est appellé partie ou partie aliquote , c'est à dire le quart de 12 , parce qu'il le mesure ou divise precisement par 4. Et 12 est appellé multiple , c'est à dire Quadruple de 3 , parce qu'il en est mesuré ou divisé precisement par 4.

Mais lors qu'un nombre ne mesure pas, c'est à dire, ne divise pas precisement un autre nombre, il est appellé *parties* de ce nombre ; comme 2 qui ne mesure pas 3., s'appelle deux parties, c'est à dire deux tiers de 3.

Tout nombre est ou *Pair* ou *Impair*. Le nombre pair est celui qui peut être divisé en deux également. Le nombre impair est celui qui diffère du nombre pair d'une unité.

Un nombre pair est ou *Pairement pair*, ou *Pairement Impair*. Le nombre pairement pair est celui que mesure un nombre pair par un nombre pair, comme 16, que 8 mesure par 2 : ou 12 que 6 mesure par 2. Le nombre pairement impair est celui que mesure un nombre pair par un impair comme 6 que 2 mesure par 3, ou 12 que 4 mesure par 3. Où l'on voit qu'un même nombre comme 12 peut être pairement pair & pairement impair selon les différentes parties qui le mesurent.

Nombre *Impairement Impair*, est celui qu'un impair mesure par un impair, comme 15 que 5 mesure par 3.

Nombre *Premier* est celui qui n'est mesuré que de l'unité, comme 2, 3, 5, 7, 11, &c.

Nombre *Composé* est celui qui est mesuré par quelque nombre.

Nombres *Composés entr'eux* sont ceux qui ont quelque nombre pour leur mesure commune.

Multiplier un nombre par un autre, est trouver un nombre qui contienne autant de fois le multiplié, qu'il y a d'unités dans le multipliant.

Diviser un nombre par un autre, est trouver un nombre qui contienne autant d'unités, que le diviseur est contenu de fois dans le divisé.

Le *produit* de la multiplication de deux nombres s'appelle *Nombre plan*, dont les nombres multiplians sont les côtés.

Le produit de la multiplication de trois nombres, s'appelle *Nombre solide*, dont les nombres multiplians sont les côtés.

Nombre Quarré est le produit de deux nombres êgaux.

Nombre Cube est le produit de trois nombres êgaux.

Les nombres sont *proportionaux*, quand le premier est autant multiple, ou même partie, ou parties du second, que le troisiéme l'est du quatriéme.

Les *nombres plans ou solides semblables* sont ceux dont les côtés sont proportionaux, comme 8 & 18 sont plans semblables, parce que les côtés de 8 qui sont 2 & 4, sont proportionaux aux côtés de 18 qui sont 3 & 6. Ainsi 24 & 192 sont nombres solides semblables, parce que 2, 3, 4, côtés du solide 24, sont proportionaux à 4, 6, 8, côtés de 192.

Nombre Parfait est celui qui est égal à toutes ses parties aliquotes : comme 6 est nombre parfait, parce qu'il est égal à tous les nombres qui le mesurent qui sont 1, 2, 3. Ainsi 28 est nombre parfait étant égal à 1, 2, 4, 7, 14, qui le mesurent,

---

CHAPITRE III.

Propositions du septiéme des Elemens d'Euclide.

1. SI de deux nombres on souſtrait le moindre du plus grand, & le reſte du moindre, & ainſi toûjours de ſuite ; les deux nombres ſeront Premiers ſi la ſouſtraction ſe fait juſqu'à l'unité ; Autrement ils ſeront Compoſés entr'eux, & le nombre où ſe terminera la ſouſtraction ſera leur commune meſure.

2. Si quatre nombres ſont proportionaux, ils le ſeront auſſi *en changeant, en permutant, en compoſant, en diviſant, & par converſion de raiſon.*

3. Si le tout eſt au tout comme le retranché eſt au retranché ; le reſte ſera au reſte, comme le tout-au tout.

4. Si de ſix nombres propoſés le premier eſt au ſecond, comme le quatriéme au cinquiéme ; & le ſecond au troiſiéme, comme le cinquiéme au ſixiéme ; *par égalité* le premier ſera au troiſiéme, comme le quatriéme au ſixiéme.

5. Si de ſix nombres propoſés, le premier eſt au ſecond, comme le cinquiéme au ſixiéme ; & le ſecond au troiſiéme, comme le quatriéme

au cinquiéme ; *par égalité en raifon troublée*, le premier fera au troifiéme, comme le quatriéme au fixiéme.

6. Si deux nombres fe multiplient l'un l'autre, leurs produits feront égaux ; comme le produit de 3 par 4, eft égal au produit de 4 par 3.

7. Si quatre nombres font proportionaux, le produit du premier & du quatriéme eft égal au produit du fecond & du troifiéme.

8. Les nombres Premiers entr'eux font les plus petits de tous ceux qui ont même raifon.

9. Le nombre qui mefure un des deux nombres Premiers entr'eux eft auffi Premier à l'autre.

10. Si deux nombres font Premiers à un troi-fiéme, leur produit fera auffi Premier au même.

11. Si deux nombres font Premiers entr'eux, le quarré de l'un fera auffi Premier à l'autre.

12. Si de quatre nombres, le premier eft Pre-mier au troifiéme & le fecond au quatriême, le produit du premier & du fecond fera auffi Premier au produit du troifiéme & du qua-triéme.

13. Les Quarrés & les Cubes de deux nom-bres Premiers entr'eux, font auffi Premiers en-tr'eux.

14. La fomme de deux nombres Premiers entr'eux, eft auffi Premiere à chacun d'eux.

15. Tant de nombres qu'on voudra étant

donnés , trouver les plus petits nombres de ceux qui auront même raifon.

16. Trouver le plus petit nombre mefuré par deux , ou par trois nombres donnés.

17. Trouver le plus petit nombre qui ait les parties données.

CHAPITRE IV.

Propofitions du huitiéme des Elemens d'Euclide.

1. SI dans une progreffion Geometrique , les termes extrêmes font nombres Premiers : Ces nombres de la progreffion font les plus petits de leur raifon.

2. Trouver tant de nombres qu'on voudra continuellement proportionaux & les plus petits en une raifon donnée.

3. La raifon des nombres plans eft compofée de celles de leurs côtés.

4. Si dans une progreffion Geometrique le premier terme ne mefure pas le fecond , pas un autre ne mefurera pas un autre. Mais fi le premier mefure le dernier , il mefurera auffi le fecond.

5. S'il tombe quelques moyens proportionaux entre deux nombres , il en tombera autant entre deux autres de même raifon.

6. S'il tombe quelques moyens proportionaux

naux 'entre deux nombres Premiers entr'eux, il en tombera autant entre chacun d'eux & l'unité.

7. Il tombe un moyen proportionel entre deux nombres quarrés, & entre deux nombres plans femblables ; & le quarré eft au quarré & le plan au plan, en raifon doublée du côté au côté.

8. Entre deux nombres cubes ou deux Solides femblables il tombe deux moyens proportionels ; & le cube eft au cube, & le folide au folide, en raifon triplée de celle du côté au côté.

9. S'il y a tant de nombres qu'on voudra continuellement proportionaux, leurs quarrés & leurs cubes feront auffi continuellement proportionaux.

10. Si un nombre mefure un autre nombre, fon quarré & fon cube mefurera auffi le quarré & le cube de l'autre.

11. Si de trois nombres proportionaux, le premier eft quarré, le troifiéme eft auffi quarré.

12. Si de quatre nombres proportionaux, le premier eft nombre cube, le quatriéme eft auffi nombre cube.

13. Les nombres plans femblables font entr'eux comme nombres quarré à nombre quarré. Et les nombre folides femblables comme nombre cube à nombre cube.

B

CHAPITRE V.

*Propofitions du neuviéme Livre des Elemens
d'Euclide.*

1. LE produit de deux nombres plans femblables, eft nombre quarré.

2. Le quarré d'un nombre cube, eft auffi nombre cube.

3. Le produit de deux nombres cubes, eft
auffi nombre cube.

4. Le produit d'un nombre compofé & d'un
autre nombre, eft nombre folide.

5. Dans une progreffion Geometrique qui
commence par 1., le troifiéme terme eft nombre quarré, & tous les autres de fuite qui en
laiffent un entr'eux. Le quatriéme terme eft
nombre cube, & tous les autres de fuite qui
en laiffent deux entr'eux. Le feptiéme terme eft
nombre quarré cube, & tous les autres de fuite
qui en laiffent cinq entr'eux.

6. Si le fecond terme d'une progreffion Geometrique qui commence par 1 eft nombre quarré ou nombre cube, tous les termes de la progreffion feront ou quarrés ou cubes.

7. Dans une progreffion Geometrique, le
plus petit des termes mefure le plus grand par
l'un des termes moyens.

8. Dans une progreſſion Geometrique qui commence par 1, tous les nombres Premiers qui meſurent le dernier terme, meſurent auſſi le plus proche de l'unité.

9. Dans une progreſſion Geometrique qui commence par 1, ſi le ſecond terme eſt nombre Premier, le dernier ne ſera meſuré que par quelqu'un des termes moyens.

10. Dans une progreſſion de trois nombres les plus petits de ceux de la même raiſon, la ſomme des deux eſt Premiere à l'autre.

11. Deux nombres Premiers entr'eux n'ont point de troiſiéme proportionel en nombres entiers.

12. Une progreſſion dont les termes extrêmes ſont Premiers entr'eux, ne peut pas être continuée plus loin en nombres entiers.

13. Nombres pairs ajoutés à nombres pairs ou ôtés de nombres pairs, font leur ſomme ou leur reſte nombre pair.

14. Nombres impairs ajoutés à nombres impairs font un nombre pair ſi leur multitude eſt nombre pair, ou un nombre impair ſi elle eſt nombre impair.

15. Nombre impair ôté d'un pair, ou un nombre pair ôté d'un impair, laiſſe un nombre impair.

16. Nombre impair ôté d'un impair, laiſſe un nombre pair.

CHAP. V.
LIV. I.
Propoſitions
du IX. d'Eu
clide.

B ij

17. Le produit d'un pair & d'un impair eſt nombre pair ; Celui de deux impairs eſt impair.

18. Il n'y a que les nombres qui ſuivent le binaire en progreſſion double , qui ſoient ſeulement pairement pairs , comme ceux-cy 1 : 2 : 4 : 8 : 16 : 32 : 64 &c.

19. Un nombre eſt ſeulement pairement impair , dont la moitié eſt un nombre impair.

20. Un nombre pair qui n'eſt point de ceux qui ſuivent le binaire en progreſſion double & dont la moitié eſt nombre pair , eſt pairement pair & pairement impair , comme 12 : 20 : 24 : 28 :

21. Dans la progreſſion double qui commence par 1 ; ſi la ſomme des termes fait un nombre Premier , elle ſera , la multipliant avec le dernier terme , un nombre parfait.

1 , 2 , 4 , 8 , 16 , 32 , 64 , 128 , 256 , 512 , 1024 :

Ainſi parce que la ſomme des deux premiers termes 3 eſt nombre Premier , ſi on la multiplie par le dernier terme 2 , le produit 6 ſera nombre parfait , dont les parties aliquotes , 1, 2, 3, font égales à 6. Ainſi parce que la ſomme des trois premiers termes 7 eſt auſſi nombre Premier , ſi on la multiplie par le dernier terme 4 , le produit 28 eſt auſſi nombre parfait , dont les parties aliquotes , 1, 2, 4, 7, 14, font égales à 28. Ainſi parce que la ſomme des cinq premier termes

31 est nombre Premier, si on la multiplie par le dernier terme 16, on aura le nombre parfait 496 : dont les parties aliquotes 1, 2, 4, 8, 16, 31, 62, 124, 248, sont égales à 496. Ainsi parce que la somme des sept premiers termes 127 est nombre Premier, si on la multiplie par le dernier 64, le produit 8128 sera nombre parfait dont les parties aliquotes 1, 2, 4, 8, 16, 32, 64, 127, 254, 508, 1016, 2032, 4064, sont égales à 8128.

Voila ce qu'il y de plus considerable dans ces trois Livres des Elemens d'Euclide. A quoy nous pouvons adjouter que ce qu'il a demontré des lignes dans les dix premieres propositions de son second Livre, est aussi veritable dans les nombres; C'est à dire que

Liv. I.
Chap. V.
Propositions
du ı x. d'Eu-
clide.

CHAPITRE VI.

Propositions du second des Elemens d'Euclide en nombres.

1. SI de deux nombres proposés, l'un est divisé en autant de parties que l'on veut, le produit des deux nombres est égal à tous les produits faits du nombre non divisé & de chacune des parties du divisé. Comme si de deux nombres 5 & 4, l'un comme 5 est divisé comme en 3 & en 2; Le pro-

Chap. VI.
Propositions
du second
d'Euclide;
en nombres.

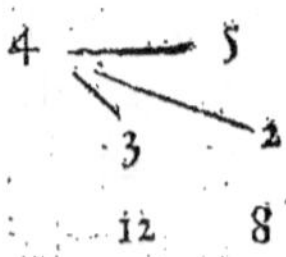

$$4 \overset{20}{\underset{\overset{3}{}}{\relbar\joinrel\relbar}} 5 \quad 2$$

12   8

Propositions du second d'Euclide en nombres.

duit des deux nombres 20 est égal aux deux produits de 4 par 3, & de 4 par 2; c'est à dire à 12 & à 8.

2. Si un nombre est divisé comme on veut, le produit de ce nombre & de chacune des parties, est égal au quarré du même nombre; comme si l'on divise 5 en 3 & 2; les deux produits de 5 par 3 & de 5 par 2 qui sont 15 & 10, sont égaux à 25 quarré de 5.

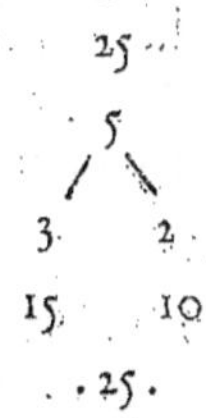

3. Si un nombre est divisé en deux, le produit fait du nombre & d'une de ses parties, est égal au produit des mêmes parties, & au quarré de la même partie. Comme si l'on divise 5 en 3 & 2, le produit de 5 par 2 qui est 10, est égal au produit des parties 3 & 2 qui est 6, & à 4 quarré de la même partie 2. Ainsi le produit 15 de 5 par 3, est égal à 6 produit de 3 par 2, & au quarré de 3 qui est 9.

5
15 3 2 10
9. 6. 4.

4. Si un nombre est divisé en deux également & en deux inégalement, le produit des parties inégales avec le quarré de la difference de la moitié & d'une des parties inégales, est égal au quarré de la moitié; Comme si on divise 8 en 4 & 4; & en 6 & 2; le produit de 6 par 2 qui est

16
4 4
8
6 2
2
4 12.

12, avec 4 quarré de la difference de 6 & 4 ou de 4 & 2, qui eſt 2 eſt égal à 16 quarré de la moitié 4.

5. Si à un nombre diviſé en deux également on adjoute un autre nombre, le produit de l'adjouté & de la ſomme du premier nombre & de l'adjouté, avec le quarré de la moitié, eſt égal au quarré de la ſomme de la moitié du premier nombre & de l'adjouté.
A 8 diviſé en 4 & en 4 adjoutés 2; le produit de 8 & 2 c'eſt à dire 10, par 2 qui eſt 20, avec 16 quarré de la moitié 4, eſt égal à 36 quarré de 6, c'eſt à dire de la ſomme de la moitié 4 & du nombre adjouté 2.

$$20 + 16$$
$$8. \qquad 2$$
$$4. \quad 4.$$
$$36.$$

6. Si un nombre eſt diviſé en deux parties, le quarré du nombre avec le quarré d'une des parties, eſt égal au double du produit du nombre & de la même partie avec le quarré de l'autre partie. Comme ſi 5 eſt diviſé en 3 & 2, le quarré de 5 qui eſt 25, avec 4 quarré de l'une des parties 2, eſt égal à 20 double du produit 5 & de la même partie 2, avec 9 quarré de l'autre partie 3.

$$9 \qquad 20$$
$$3 \qquad 2$$
$$5$$
$$25. \quad 4.$$

7. Si un nombre eſt diviſé en deux parties, le quadruple du produit du nombre & d'une de ſes parties, avec le quarré de l'autre partie, eſt égal au quarré de la ſomme du nombre &

de fa partie premierement prife.   49

Comme fi 5 eft divifé en 3 & 2,   5

40 qui eft le quadruple du pro-   3   2

duit de 5 par une de fes par-   9. 40.

ties 2, avec 9 quarré de l'autre partie 3, eft égal

à 49, quarré de la fomme de 5 & de fa partie

premierement prife 2, c'eft à dire quarré de 7.

8. Si un nombre eft coupé en deux egalement & en deux inegalement, les quarrés des
parties inegales font doubles des quarrés de la
moitié, & de la difference de la moitié & de
l'une des inegales : Comme fi 10   58

eft divifé en 5 & 5, & en 7 & 3, les   49   9

deux quarrés de 7 & 3 qui font   7   3

49 & 9, c'eft à dire 58 ; font dou-   10

bles du quarré 25 de la moitié 5,

& du quarré 4 de la difference   5   5

2 de la même moitié 5 & de l'u-   25   4

ne des parties inegales ou 3 ou 7.   29

9. Si à un nombre divifé en deux egalement on
adjoute un autre nombre, le quarré du nombre
compofé des deux & le quarré de l'adjouté, font
enfemble doubles du quarré de la   68

moitié & du quarré du nombre   64.   4

compofé de la moitié de l'ad-   6   2

jouté ; Comme fi à 6 divifé en   3. 3.

3 & 3, on adjoute 2 ; 64 quar-

ré du compofé de 6 & 2 c'eft   9   25

à dire 8, avec 4 quarré de l'ad-   34

jouté

jouté 2, qui font 68 ; font doubles du quarré 9 de la moitié 3, & du quarré 25 du compofé de la moitié 3 & de l'adjouté 2 c'eft à dire de 5, qui font enfemble 34.

10. Si un nombre eft divifé en deux parties, le quarré du nombre eft êgal aux quarrés de chacune des parties, & au double du produit des mêmes parties. Comme 36 quarré du nombre 6. divifé en 4 & 2, eft egal à 16 quarré de 4, à 4 quarré de 2, & à 16 double du produit de 4 par 2.

$$
\begin{array}{cc}
36 & \\
6 & \\
4 & 2 \\
16 & 4 \\
16 &
\end{array}
$$

LIVRE SECOND.

Diverfes autres proprietés des nombres.

CHAPITRE PREMIER.

Puiffances des nombres & racines des puiffances.

QUAND un nombre fe multiplie foy-même, il produit fon quarré ; puis fon cube, s'il multiplie fon quarré ; puis fon quarréquarré, s'il multiplie fon cube ; puis fon quarrécube, s'il multiplie fon quarréquarré ; puis fon cubecube, s'il multiplie fon quarrécube ; & ainfi à l'infini.

C

Tous ces nombres produits par la multipli-cation d'un premier nombre s'appellent les *Puis-sances du même nombre* ; lequel s'appelle aussi respectivement la *Racine de toutes ces puissances.* Elles prennent aussi leur nom suivant le de-gré auquel elles sont élevées.

1	2	3	4	5	6	7	8	9
℞	Q	C	QQ	QC	CC	QQC	QCC	CCC
I.	2.	4.	8.	16.	32.	64.	128.	256.	512.
I.	3.	9.	27.	81.	243.	729.	2187.	6561.	19683.
I.	4.	16.	64.	256.	1024.	4096.	16384.	65536.	262144.
I.	5.	25.	125.	625.	3125.	6625.	33125.	165725.	828625.

Comme le Quarré est la puissance au second degré ; le Cube est la puissance au troisiéme, le Quarréquarré au quatriéme , le Quarrécu-be , que l'on appelle autrement Surfolide, au cinquiéme ; & ainsi des autres. Les Racines prennent aussi leur nom par relation à la puis-sance à laquelle chacune d'elles, est comparée : car on l'appelle racine quarrée comparée au quarré ; racine cubique comparée au cube; ra-cine quarréquarrée ou racine de racine com-parée au quarréquarré , & ainsi du reste. Com-me le nombre 4 est √ ou Racine quarrée de 16 ; √C ou √^{3} ou Racine cubique de 64 ; √√ ou √QQ ou √.^{4} c'est à dire Racine de racine ou

racine quarréquarrée de 256 ; √QC, ou √⁵
c'est à dire Racine quarrécube de 1024 ; √CC
ou √⁶ c'est à dire Racine cubecube de 4096 ;
√QQC ou √⁷ c'est à dire racine quarréquar-
récube de 16384. & ainsi des autres.

Où il est à remarquer que comme les puissances s'élevent à des degrés superieurs par la
multiplication ; Elles sont aussi deprimées à
des degrés inferieurs par la division ; Car comme 1024 quarrécube ou puissance au cinquiéme degré, est par exemple produit de la multiplication de 16 quarré, par le cube 256 ; Aussi
si l'on divise ce même nombre 1024 quarrécube
par le cube 256, on restituera le quarré 16 ; &
l'on restituera le cube 256, si on le divise par
le quarré 16. Ainsi divisant un cube par la racine, comme 256 par 4, on restituera le quarré
16 ; Et vous restituerés la racine, si vous divisés le cube par le quarré.

De plus comme la multiplication d'un nombre par soy même produit des puissances élevées en degrés proportionés à la quantité de
fois qu'il est multiplié ; Ainsi par la multiplication de deux nombres, on produit un nombre *Plan* au même degré que le quarré, c'est à
dire au second degré ; par la multiplication
d'un nombre plan par un autre ou par la
multiplication de trois nombres, on produit
un nombre *Solide* au troisième degré comme

les cubes ; par la multiplication de quatre nombres ou d'un solide par un autre nombre, on produit un nombre *Planplan* au quatriéme degré
comme les quarréquarrés ; Par la multiplication
de cinq nombres ou d'un nombre planplan
par un autre nombre , on produit un nombre
Surfolide ou *Planfolide* au cinquiéme degré ,
comme les quarrés cubes ; Et ainfi des autres.

CHAPITRE II.

Nombres rationels & irrationels.

DE ceci l'on peut conoître qu'il y a des
nombres *Rationels* & d'autres *Irratio-
nels* ou *Sourds* : les rationels font ceux qui
fe peuvent exprimer ; comme 2 par exemple eft
racine rationelle quarrée de 4, cubique de 8 &c ;
Mais la racine quarrée d'un nombre comme
de 2 qui n'eft point nombre quarré, ne peut
point être exprimée par aucun nombre, n'y
ayant point de nombre qui fe multipliant foy-
même, faffe 2 , ou tout autre nombre non quarré ;
Et partant la Racine de ce nombre eft irrationel-
le ou fourde que l'on exprime par ces caracteres √, comme √ 2, qui figniffie racine 2 , √ 5 ou
racine quarrée de 5 : Ainfi √ C 6 , fignifie racine cubique de 6 : √√ 8 veut dire racine de racine ou racine quarréquarrée de 8 , &c. Or

tous ces nombres quoy que sourds & irratio-
nels ne laissent pas d'avoir leur *algorithme* ou
supputation particuliere qui s'enseigne dans l'A'l-
gebre , & qui est d'un tres grand usage pour
la solution des Problemes en Mathematique.

LIV. III. CHAP. II. Nombres ra-tionels & ir-rationels.

CHAPITRE III.

Moyens proportionels entre deux nombres.

DE plus comme il a été dit dans le hui-
tiême livre d'Euclide qu'entre deux
nombres quarrés , ou entre un nombre quarré
& l'unité , il tombe un moyen proportionel ;
& deux moyens proportionels entre deux nombres cubes , ou entre un cube & l'unité ; Ainsi
nous pouvons dire qu'il tombe trois moyens
proportionels entre deux nombres quarréquarrés , ou entre un quarréquarré & l'unité , &
quatre moyens entre deux nombres quarrécubes , ou entre un quarrécube & l'unité ; &
cinq nombres moyens entre deux nombres cubecubes , ou entre un cubecube & l'unité ; Et
ainsi des autres. C'est à dire qu'il tombe entre deux puissances de même degré autant de
moyens proportionels que la puissance à de
degrés moins 1.

CHAP. III. Moïens pro-portionels entre deux nombres.

Ainsi entre les quarrés 4, 16 au second degré tombe un moyen 8 ; entre 4 & 1 un autre 2 ; entre 4. 9, un moyen 6 ; Un autre 12 entre les deux quarrés 9. 16 : Un autre 10 entre 4. 25 ; Un autre 15 entre 9. 25.

4	8	16
4	2	1
4	6	9
9	12	16
4	10	25
9	15	25

Ainsi entre les cubes 8. 1. deux moyens 4. 2. ; deux autres 9. 3. entre 27. 1. ; deux autres 16. 4. entre les deux cubes 64. 1. ; deux autres 12, 18, entre les deux cubes 8, 27 ; deux autres 16, 32 entre les deux 8, 64 ; deux autres moyens 20, 50 entre les deux cubes 8 & 125.

8	4	2	1
27	9	3	1
64	16	4	1
8	12	18	27
8	16	32	64
8	20	50	125

Ainsi entre les quarré-quarrés 16. 1. trois moyens proportionels 8, 4, 2 ; Entre les quarré-quarrés 81, 1, trois moyens 27, 9, 3 ; Entre les deux 256, 1, trois moyens 64, 16, 4 ; & trois autres

16	8	4	2	1
81	27	9	3	1
256	64	16	4	1
625	125	25	5	1

moyens 125, 25, 5, entre les deux quarré-quarrés 625, 1 ; Et trois autres 24, 36, 54, entre les deux 16, 81 ; Et trois autres 32, 64, 128, entre les deux 16, 256 ; trois autres 40, 100, 250, entre les deux 16, 625 ; trois autres moyens proportionels 108, 144, 192, entre les deux quarré-quarrés 81, 256 ; & trois autres 135, 225, 375, entre les deux 81, 625.

	24. 36. 54.	
16		81
	32. 64. 128.	
16		256
	40. 100. 250.	
16		625
	108. 144. 192.	
81		256
	135. 225. 375.	
81		625.

Ainsi entre les deux quarré-cubes 32, 243, il tombe quatre moyens 48, 72, 108, 162 ; Et quatre autres moïens entre les deux quarre-cubes 243 & 3125, sçavoir 405, 625, 1125, 1875 ; & ainsi des autres.

	48. 72. 108. 162.	
32		243
	405. 675. 1125. 1875.	
243		3125.

Où il faut prendre garde que tout ce que nous venons de dire des puissances simples au sujet des moyennes proportionelles, se doit aussi entendre de tous les nombres semblables qui leur sont *homogenes* ou en memê degré. C'est à dire qu'entre deux nombres plans semblables, il tombe un nombre moyen proportionel, comme entre deux quarrés ; deux moyens entre deux nombres solides semblables, comme entre deux cubes ; trois moyens entre deux nombres planplans semblables, comme entre deux quarre quarrés ; Quatre moyens propor-tionels entre deux nombres planfolides fem-blables, comme entre deux quarrécubes ; & ainfi des autres à l'infini.

CHAPITRE IV.

Raifons des puiffances & de leurs racines.

ET comme Euclide a dit que les quarrés & les plans femblables êtoient entr'eux en raifon doublée de celle de leurs côtés , & que les cubes & les nombres folides femblables êtoient en raifon triplée des mêmes ; Nous pouvons dire par la même raifon que les nom-bres quarrequarrés & les nombres planplans femblables , font entr'eux en raifon quadruplée de celle de leurs côtés ; Que les quarrecubes & les planfolides femblables , font en raifon quin-tuplée ; les Cubecubes & folidefolides fembla-bles en raifon fextuplée ; & ainfi du refte.

CHAPITRE V.

Nombres plans figurés.

L'ON peut confiderer les nombres en di-verfes autres manieres , dont voici les principales. Entre les nombres , il y en a que l'on

l'on appelle Nombres plans , figurés ou Poly- Liv. II.
gones ; C'eſt à dire ceux qui par leur diſpoſi- Chap. V.
tion, ont relation ou repreſentent la figure des Nombres plans figurés.
plans Geometriques ; comme ſont les triangu-
laires , les quarrés , les pentagones , les hexagones, & ainſi de ſuite à l'infini.

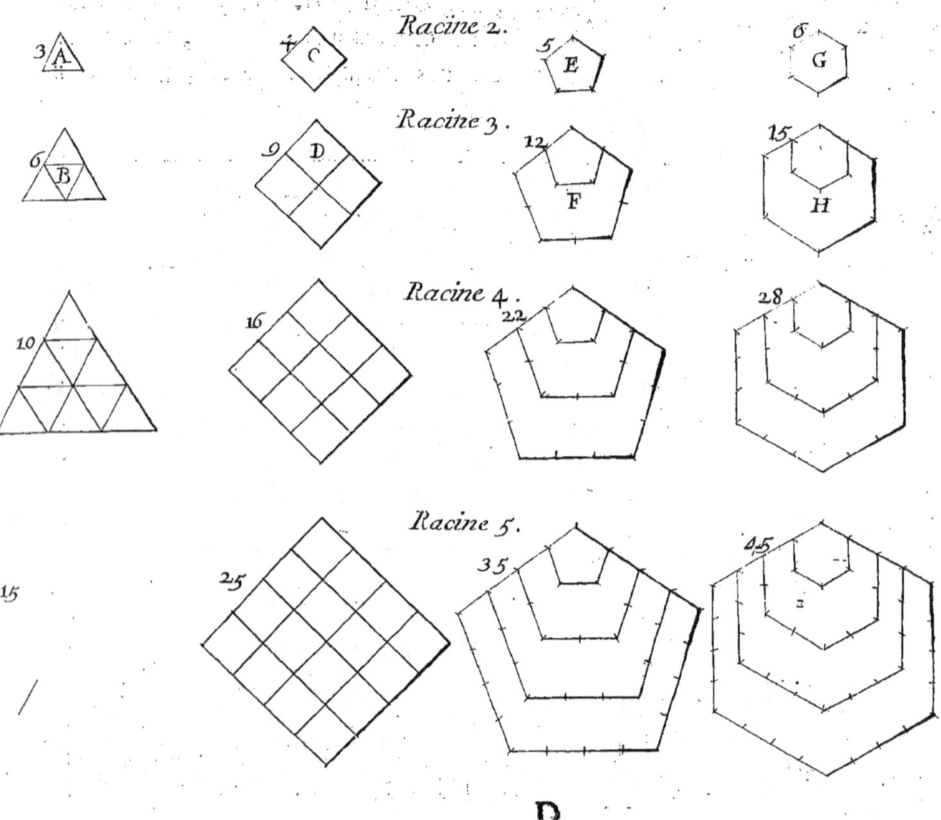

Comme en ces figures où les nombres A &
B sont appellées *Triangulaires* , C & D nombres *Quarrés* ou *Quadrangulaires* , E & F nombres *Pentagones* , G & H nombres *Hexagones* &c. Et ces figures comme A, C, E, G, ont le nombre 2 pour leur côté ou racine ; comme ces autres B, D, F, H, ont le nombre 3. Surquoy il y a plusieurs belles choses à considerer, tant pour la naissance de ces nombres figurés, que pour leurs proprietés.

CHAPITRE VI.

Naissance des nombres plans figurés.

1. **D**ANS la progression naturelle des nombres , c'est à dire dans la progression Arithmetique qui commence par l'unité , & dont la difference est 1 ; La somme de chacun d'eux fait la suite des nombres Triangulaires ; comme adjoutant les deux premiers 1 , 2 leur somme 3 est le premier Triangle

1	2	3	4	5	6	7	8	9	10 Racines.
1	3	6	10	15	21	28	36	45	55 Nomb. triangulaires.

aprés l'unité. Ainsi les trois premiers 1 , 2, 3 font le second triangle 6 ; les quatre premiers 1 , 2 , 3 , 4 le troisième triangle 10. Les cinq premiers 1 , 2 , 3 , 4 , 5 font le quatriême triangle 15 ; & ainfi des autres. De forte que la fuite naturelle des nombres Triangulai-res depuis l'unité, eft celle - cy 1, 3, 6, 10, 15, 21, &c.

1. Dans la progreffion naturelle des nombres impairs , c'eft à dire dans la progreffion Arith-metique des nombres qui commencent par 1 & dont la difference eft 2 ; La fomme de cha-cun d'eux fait la fuite des nombres Quarrés ou Quadrangulaires. Car les deux premiers 1, 3

1	2	3	4	5	6	7	8	9	10 Racines.
1	3	5	7	9	11	13	15	17	19 Nombres impairs.
1	4	9	16	25	36	49	64	81	100 Nombres quarrés.

font le premier quarré 4 aprés l'unité ; les trois premiers 1, 3, 5 font le fecond quarré 9 ; les qua-tre premiers 1, 3, 5, 7 font le troifiéme quarré 16 ; les cinq premiers 1, 3, 5, 7, 9 le quatriéme quarré 25 ; les fix premiers 1, 3, 5, 7, 9, 11 font le cinquiéme quarré 36 ; & ainfi des autres. Et l'on a par ce moyen la fuite naturelle des nombres quarrés ou quadrangulaires depuis 1, en cette forte 1, 4, 9, 16, 25, &c.

3. Dans la progreffion Arithmetique des nombres qui commencent par 1 dont la dif-ference eft 3 : La fomme de chacun d'eux fait la fuite des nombres Pentagones. Car les deux

premiers 1 , 4 font le premier Pentagone 5
aprés l'unité ; Les trois premiers 1 , 4 , 7 font
le ſecond pentagone 12 ; Les quatre premiers
1 , 4 , 7 , 10 le troiſiéme pentagone 22;

1	2	3	4	5	6	7	8	9	10 Racines.
1	4	7	10	13	16	19	22	25	28 Nomb. dont la diff. eſt 3.
1	5	12	22	35	51	70	92	117	145 Nombres pentagones.

Les cinq premiers 1 , 4 , 7 , 10 , 13 le quatriéme
pentagone 35 ; Les ſix premiers 1 , 4 , 7 , 10 , 13 , 16
le cinquiéme pentagone 51 ; & ainſi des autres.
Et l'on a par ce moyen la ſuite naturelle des
nombres pentagones depuis 1 , en cette ſorte 1, 5,
12, 22 , 35, 51 &c.

4. Dans la progreſſion Arithmetique des
nombres qui commencent par 1 , dont la difference eſt 4 ; à ſomme de chacun d'eux
fait la ſuite des nombres Hexagones. Com-

1	2	3	4	5	6	7	8	9	10 Racines
1	5	9	13	17	21	25	29	33	37 Nomb. dont la diff. eſt 4.
1	6	15	28	45	66	91	120	153	190 Hexagones.

me les deux premiers 1 , 5 font le premier Hexagone aprés l'unité 6 ; Les trois premiers 1 ,
5, 9 font le ſecond hexagone 15; Les quatre pre-

miers 1, 5, 9, 13 le troisiéme hexagone 28 ; Les cinq premiers 1, 5, 9, 13, 17 le quatriéme hexa-gone 45 ; Les six premiers 1, 5, 9, 13, 17, 21 le cinquiéme hexagone 66 ; & ainsi des autres. Et l'on a par ce moyen la suite naturelle des nom-bres hexagones depuis l'unité 1, 6, 15, 28, 45, 66 &c.

5. Dans la progression Arithmetique qui commence par 1, & dont la difference est tel nombre que l'on veut ; La somme de chacun d'eux fait la suite des nombres *Polygones* dont le nombre des angles surpasse de 2 celuy de la difference.

C'est à dire que si la difference est 5, la suite sera de nombres heptagones ou à 7 côtés ; Si la difference est 6, la suite sera d'octogones ou à 8 côtés ; Si la difference est 18, la suite sera d'Icosagone ou de nombres à 20 côtés; & ainsi des autres à l'infini.

LIV. II.
CHAP. VI.
Naissance des
nombres
plans figurés.

CHAPITRE VII.

Proprietés des Nombres plans figurés.

LES nombres Polygones qui ont même côté ou racine, s'appellent *Polygones colla-*teraux.

CHAP. VII.
Proprietés
des nombres
plans figurés.

1	2	3	4	5	6	7	8	9	10.	Racines.
1	3	6	10	15	21	28	36	45	55.	Triangles.
1	4	9	16	25	36	49	64	81	100.	Quarrés.
1	5	12	22	35	51	70	92	117	145.	Pentagones.
1	6	15	28	45	66	71	120	153	190.	Hexagones.

1. Tout triangle adjouté à fon precedent fait fon quarré collateral ; Ainfi les deux triangles 6 & 3 font le quarré 9 collateral du triangle 6 : Ainfi les deux triangles 55 & 45, font le quarré 100 collateral du triangle 55.

2. Tout quarré avec fa racine & la fuivante fait le quarré fuivant. Ainfi le quarré 9 avec fa racine 3 & la fuivante 4, fait le quarré fuivant 16 : Ainfi le quarré 81 avec fa racine 9 & la fuivante 10, fait le quarré fuivant 100.

3. Tout quarré avec 1 & le double de fa racine, fait le quarré fuivant. Ainfi 9 avec 1 & 6 double de fa racine 3, fait le quarré fuivant 16. Ainfi 81 avec 1 & 18 double de fa racine 9, fait le quarré fuivant 100.

4. Tout pentagone eft égal au triple du triangle precedent & à fa racine. Comme 35 eft égal à 30 triple du triangle precedent 10 & à fa racine 5. Ainfi 145 eft égal à 135 triple du triangle precedent 45 & à fa racine 10.

5. Tout hexagone eſt égal à ſon quarré collateral & au double du triangle precedent. Comme 66 eſt égal à ſon quarré collateral 36 , & à
30 double du triangle precedent 15. Ainſi 190
eſt égal à 100 qui eſt le quarré collateral & à
90 double du triangle precedent 45.

6. Dans la ſuite naturelle des nombres triangulaires depuis 1 : Ceux dont les racines ſont
nombres impairs , font la ſuite naturelle des
nombres hexagones depuis 1. Ainſi les triangles 1, 6, 15, 28, 45 , &c. qui repondent aux nombres impairs des racines, font la progreſſion
naturelle des nombres hexagones.

7. Tout nombre parfait eſt hexagone. Comme 6, 28, 496, &c.

8. Tout nombre parfait eſt auſſi triangulaire.

9. *La Racine d'un Polygone étant donnée , trouver le Polygone.*

Multipliés le nombre des côtés du polygone moins 2 par la racine donnée moins 1 ; &
adjoutant 2 au produit , multipliés - le par la
racine ; & vous aurés le double du Polygone
que vous cherchés. Comme pour trouver le
Pentagone dont la racine eſt 7 ; Je multiplie 3 qui eſt le nombre des côtés 5 moins 2,
par la racine 7 moins 1 , c'eſt à dire par 6 ; &
adjoutant 2 au produit 18 : Je multiplie leur
ſomme 20 par la racine 7 ; le produit 140 eſt

le double du pentagone que je cherche qui est par conséquent 70. Ainsi pour trouver l'hexagone dont la racine est 9 ; multipliés 4 par 8, & adjoutés 2 au produit 32 ; puis multipliant 34 par 9 : prenés la moitié de leur produit 306 ; & vous aurés 153 pour l'hexagone que vous cherchés.

10. *Trouver la racine d'un Polygone donné.*

Multipliés le Polygone donné par l'octuple du nombre de ses angles moins 2 ; adjoutés au produit le nombre des angles moins 4 multiplié par soi - même ; puis adjoutés à la racine quarrée de leur somme , le nombre des angles moins 4 ; & divisés cette derniere somme par le double du nombre des angles moins 2 : Le quotient sera la racine que l'on demande. Comme pour trouver la racine d'un Pentagone donné 51. Multipliés 51 par 24 qui est l'octuple du nombre des côtés 5 moins 2 , c'est à dire de 3 ; adjoutés au produit 1224 le quarré du nombre des côtés 5 moins 4 , c'est à dire 1 ; tirés la racine de leur somme 1225, qui est 35 ; adjoutés y le nombre des côtés 5 moins 4 c'est à dire 1, puis divisés leur somme 36 par 6 qui est le double de 3 nombre des côtés 5 moins 2 ; & le quotient 6 est la racine que l'on cherche du Pentagone proposé 51. Ainsi pour trouver la racine de l'hexagone proposé 496. Multipliés 496 par 32 octuple de 4 qui

est

est le nombre des côtés 6 moins 2 ; adjoutés au produit 15872 le quarré 4 du nombre des côtés moins 4 ; puis prenés la racine quarrée de leur somme 15876 qui est 126, & luy adjoutés 2 nombre des côtés moins 4. Puis divisant leur somme 128 par 8 double de 4, nombre des côtés moins 2 ; le quotient 16 est la racine que l'on demande de l'hexagone proposé 496.

11. Les Polygones collateraux disposés avec ordre, font avec leur racine une progression Arithmetique, qui a pour sa difference le triangle dont la racine est celle des Polygones moins 1.

		Racines.	Triang.	Quarrés.	Pentag.	Hexag.	Heptag.	
diff.	1.	2	3	4	5	6	7.	Racine 2.
diff.	3.	3	6	9	12	15	18.	Rac. 3.
diff.	6.	4	10	16	22	28	34.	Rac. 4.
diff.	10.	5	15	25	35	45	55.	Rac. 5.
diff.	15.	6	21	36	51	66	81.	Rac. 6.

Ainsi ces nombres 2, 3, 4, 5, 6, 7, &c. qui font les Polygones collateraux dont la racine est 2, font une progression Arithmetique qui a pour sa difference le triangle 1, dont la racine est la racine commune 2 moins 1. Ainsi ces nombres 3, 6, 9, 12, 15, 18, qui font les Polygones collateraux dont la racine est 3, font une progreffion Arithmetique qui a pour fa difference le triangle 3, dont la racine est la racine commune 3 moins 1, c'est à dire 2. Ainfi 6, 21, 36, 51, 66, 81, qui font les Polygones dont la racine est 6, font une progreffion Arithmetique qui a pour fa difference le triangle 15, dont la racine est la commune 6 moins 1, c'est à dire 5.

12. *Trouver la somme des Polygones collateraux leur racine étant donnée.*

Multipliés le triangle dont la racine est égale à la donnée moins 1, par le nombre des Polygones moins 1; adjoutés au produit le double du moindre des Polygones, puis multipliés leur fomme par le nombre des Polygones; Le produit fera le double de la fomme que vous demandés.

Comme pour fçavoir quelle est la fomme du

	Racines	Triang.	Quarrés.	Pentag.	Hexag.	Heptag.	
diff. 1.	2	3	4	5	6	7.	Racine 2.
diff. 3.	3	6	9	12	15	18.	Rac. 3.
diff. 6.	4	10	16	22	28	34.	Rac. 4.
diff. 10.	5	15	25	35	45	55.	Rac. 5.
diff. 15.	6	21	36	51	66	81.	Rac. 6.

triangle , du quarré , du pentagone , de l'hexagone & de l'heptagone , dont la racine commune eft 6 , c'eft à dire 21 , 36 , 51 , 66 , 81 ; Je
multiplie 15 qui eft le triangle dont la racine
eft 5 ou 6 moins 1 , par 4 nombre des polygones moins 1 ; & au produit 60 , j'adjoute 42
double du plus petit des polygones 21 ; & je
multiplie leur fomme 102 par 5 nombre des polygones , & le produit eft 510 , dont la moitié
255 , eft la fomme des polygones que l'on demande.

13. *Trouver la fomme des Polygones femblables
difpofés dans leur fuite naturelle depuis l'unité.*

Au double du plus grand des Polygones
donnés, adjoutés fa racine , multipliés leur fomme par la même racine plus 1 , divifés le produit
par 6 ; vous aurés au quotient la fomme que
vous cherchés.

Comme pour conoître la fomme des trian-
gles 1, 3, 6, 10, 15, 21, 28; adjoutés à 56 double du
plus grand triangle 28 fa racine 7 , & multipliés leur fomme 63 par 8 , c'eft à dire par la
même racine 7 plus 1 ; le produit 504 divifé
par 6 donnera au quotient 84 , qui eft la fomme des triangles propofés. Ainfi pour fçavoir
quelle eft la fomme de ces quarrés 1, 4, 9, 16,
25, 36, 49, 64, 81, j'ajoute à 162 double du plus
grand 81 fa racine 9; puis multipliant leur fomme 171 par 10 , c'eft à dire par la racine 9 plus

1, je divise le produit 1710 par 6 ; & j'ay au quotient 285 pour la somme de tous ces quarrés. Ainsi pour la somme des hexagones 1, 6, 15, 28, 45, 66, 91, 120 ; j'ajoute à 240 double du plus grand terme 120 sa racine 8, & je multiplie leur somme 248 par 9 c'est à dire par la racine plus 1 ; dont le produit est 2232, qui divisé par 6 fait au quotient 372, pour la somme des hexagones donnés.

14. Si un nombre est divisé en deux, le polygone du tout est égal aux polygones semblables des parties, & au produit des mêmes parties multiplié par le nombre des côtés moins 2 : Ainsi divisant 7 en 4 & 3 ; le triangle dont la racine est 7 qui est 28, est egal aux triangles de 4 & 3 qui font 10 & 6 & à 12 produit des parties multiplié par 1, nombre des côtés moins 2. Ainsi le quarré de 7 qui est 49, est égal aux quarrés de 4 & 3 qui font 16 & 9 & à 24 produit des parties 12 multiplié par 2 nombres des côtés moins 2. Ainsi 91 hexagone de 7 est égal à 28 & 15 hexagones de 4 & 3, & à 48 produit des parties 12 multiplié par 4 nombre des côtés moins 2.

CHAPITRE VIII.

Nombres Solides figurés.

OUTRE ces nombres que l'on appelle nombres Plans il y en a d'autres que l'on peut nommer nombres Solides, comme font les *Pyramidaux* & les *Columnaires* ou *Prifmatiques*.

Les Pyramidaux fe font par l'agregé des nombres plans difpofés dans leur fuite naturelle depuis l'unité. Ils prenent leur nom de leur bafe, c'eft à dire du nombre plan dont ils font la fomme; Car la fomme des Triangles fait une pyramide triangulaire, la fomme des Quarrés une pyramide quadrangulaire, la fomme des Pentagones une pyramide pentagonale; & ainfi des autres.

1	2	3	4	5	6	7	8	9	10	Racines.
1	3	6	10	15	21	28	36	45	55	Triangles.
1	4	10	20	35	56	84	120	165	220	Pyram. triang.
1	4	9	16	25	36	49	64	81	100	Quarrés.
1	5	14	30	55	91	140	204	285	385	Pyram. quadr.
1	5	12	22	35	51	70	92	117	142	Pentag.
1	6	18	40	75	126	196	288	405	550	Pyram. pentag.
1	6	15	28	45	66	91	120	153	190	Hexag.
1	7	22	50	95	161	252	372	525	715	Pyram. hexag.

1. Où il est à remarquer qu'une pyramide triangulaire jointe à sa precedente , fait sa pyramide quadrangulaire collaterale. Comme la pyramide triangulaire 35 avec sa precedente 20 , fait sa pyramide quadrangulaire collaterale 55. Ainsi la pyramide triangulaire 220 avec sa precedente 165 , fait sa collaterale quadrangulaire 385.

2. Une pyramide triangulaire avec le double de sa precedente , fait sa collaterale pyramide pentagonale. Comme la pyramide triangulaire 35 avec 40 double de sa precedente , fait sa collaterale pentagonale 75. Ainsi la Pyramide triangulaire 220 avec 330 double de sa precedente , fait sa collaterale pentagonale 550.

3. Toute pyramide pentagonale est faite de sa collaterale quadrangulaire & de sa precedente triangulaire. Comme la pyramide pentagonale 75 , est égale à sa collaterale quadrangulaire 55 & à sa triangulaire precedente 20. Ainsi la pyramide pentagonale 550 , est égale à sa collaterale quadrangulaire 385 & à la triangulaire precedente 165.

4. Toute pyramide hexagonale est faite de sa collaterale pentagonale & de sa triangulaire precedente. Comme l'hexagonale 95 , est égale à sa collaterale pentagonale 75 & à la triangulaire precedente 20. Ainsi l'hexagonale 715 , est egale à la pentagonale 550 & à la triangulaire precedente 165.

5. Les pyramides collaterales difposées par ordre, font avec leur triangle une progreffion Arithmetique dont la difference eft la pyramide triangulaire precedente. Ainfi ces nombres 3, 4, 5, 6, 7,
8, &c. qui font les pyramides collaterales dont

		Triang.	Pyr. triang.	Pyr. quad.	Pyr. pentag.	Pyr. hexa.	Pyr. hept.		
difference	1	3	4	5	6	7	8	Racine	2
diff.	4	6	10	14	18	22	26	Rac.	3
diff.	10	10	20	30	40	50	60	Rac.	4
diff.	20	15	35	55	75	95	115	Rac.	5
diff.	35	21	56	91	126	161	196	Rac.	6
diff.	56	28	84	140	196	252	308	Rac.	7

le triangle eft 3 , font une progreffion Arithmetique dont la difference eft la pyramide triangulaire precedente 1. Ainfi ces nombres 6, 10,
14, 18, 22, 26 &c. pyramides collaterales dont
le triangle eft 6, en font une autre dont la difference eft la pyramide triangulaire precedente 4. Ainfi 10, 20, 30, 40, 50, 60, pyramides
collaterales dont le triangle eft 10, en font une
autre qui a pour difference la pyramide triangulaire precedente 10. Ainfi 28, 84, 140, 196, 252,
308 &c. pyramides collaterales dont le triangle eft 28, en font une autre qui a pour dif-

ference la pyramide triangulaire precedente 56.
Et ainsi des autres.

Les nombres Columnaires ou Prismatiques
naissent de la multiplication des Polygones
par leurs côtés. Ainsi multipliant les triangles
par leurs côtés ou racines, l'on a la suite des
colonnes triangulaires ; Les quarrés multipliés
par leurs côtés donnent les colonnes quadrangulaires, c'est à dire les cubes ; les Pentagones
multipliés par leurs côtés font les colonnes pentagonales, & ainsi des autres.

1	2	3	4	5	6	7	8	9	10	Racines.
1	3	6	10	15	21	28	36	45	55	Triang.
1	6	18	40	75	126	196	288	405	550	Colon. triang.
1	4	9	16	25	36	49	64	81	100	Quarrés.
1	8	27	64	125	216	343	512	729	1000	Cubes.
1	5	12	22	35	51	76	92	117	145	Pentag.
1	10	36	88	175	306	490	736	1053	1450	Col. pent.
1	6	15	28	45	66	91	120	153	190	Hexag.
1	12	45	112	225	396	637	960	1377	1900	Col. hex.

1. Où l'on voit que les colonnes triangulaires sont égales aux pyramides pentagonales collaterales.

2. Toute

2. Tout cube ou colonne quadrangulaire, est égale à sa collaterale triangulaire & à sa precedente & au Triangle precedent. Ainsi le cube 64, est égal aux deux colonnes triangulaires 40 & 18 & au triangle 6. Ainsi le cube 1000, est égal aux deux colonnes triangulaires 550 & 405 & au triangle 45.

LIV. II. CHAP. VIII, Nombres Solides figurés.

3. Toute colonne pentagonale, est égale à son cube collateral, à la colonne triangulaire precedente & au triangle precedent. Ainsi la colonne pentagonale 88, est égale à son cube collateral 64, à sa colonne triangulaire precedente 18 & au triangle precedent 6. Ainsi la colonne pentagonale 1450, est égale à 1000, à 405 & à 45.

4. Toute colonne hexagonale, est égale à sa collaterale pentagonale, à sa precedente triangulaire & au triangle precedent. Ainsi la colonne hexagonale 112, est égale à sa collaterale pentagonale 88, à sa precedente triangulaire 18 & au triangle precedent 6. Ainsi la colonne hexagonale 1900, est égale à 1450, à 405 & à 45.

5. Les colonnes collaterales disposées par ordre, font une progression Arithmetique dont la difference est la racine des colonnes, multipliée par le triangle precedent. Ainsi ces nombres columnaires collateraux 6, 8, 10, 12, 14, 16, &c. dont la racine commune est 2, font

F

une progreſſion Arithmetique qui ont pour
difference 2 , provenant de la racine 2 multipliée par le triangle precedent 1. Ainſi ces au-

	1	3	6	10	15	21	28	Triangles.	
difference.	2	6	8	10	12	14	16	Racine	2
diff.	9	18	27	36	45	54	63	Rac.	3
diff.	24	40	64	88	112	136	160	Rac.	4
diff.	50	75	125	175	225	275	325	Rac.	5
diff.	90	126	216	306	396	486	576	Rac.	6

Colon. triang. | Cubes ou Colon. quadr. | Colon. pent. | Colo. hexa. | Colon. hepta. | Colon. octog.

tres nombres 18 , 27 , 36 , 45 , 54 , 63 &c. dont
la racine eſt 3 , en font une autre dont la difference eſt 9 , qui provient de la racine 3 multipliée par le triangle precedent 3. Ainſi ces
nombres collateraux 75 , 125 , 175 , 225 , 275,
325, &c. dont la racine eſt 5 , font une autre
progreſſion dont la difference eſt 50 , qui provient de la racine 5 multipliée par le triangle
precedent 10. Ainſi ces autres nombres 126 , 216,
306 , 396 , 486 , 576 , &c. en font une autre
dont la difference eſt 90 , provenant de leur

racine 6 multipliée par le triangle precedent 15.
Et ainſi des autres.

6. Toute colonne triangulaire eſt égale à ſa pyramide quarrée collaterale & à ſa pyramide triangulaire precedente. Ainſi la colonne triangulaire 40, eſt egale à ſa pyramide quarrée collaterale 30 & à la pyramide triangulaire precedente 10. Ainſi la colonne triangulaire 550, eſt égale à ſa pyramide quarrée collaterale 385 & à la triangulaire precedente 165.

7. Toute colonne triangulaire eſt égale à ſa pyramide collaterale & au double de ſa precedente. Comme la colonne triangulaire 40, eſt égale à ſa pyramide collaterale 20 & à 20 double de ſa precedente 10. Ainſi la colonne triangulaire 550, eſt égale à ſa pyramide collaterale 220 & à 330 double de ſa precedente 165.

8. Tout cube joint au quarré du triangle precedent, fait le quarré de ſon triangle collateral. Ainſi le cube 64 avec 36 quarré du triangle precedent 6, fait 100 égal au quarré de ſon triangle collateral 10. Ainſi le cube 1000 avec 2025 quarré de ſon triangle precedent 45, eſt égal à 3025 quarré de ſon triangle collateral 55.

9. Le quarré d'un triangle eſt égal à la ſomme de tous les cubes depuis l'unité juſqu'à ſon collateral incluſivement : comme 100 quarré du quatriéme triangle 10, eſt égal à la ſomme des

quatre premiers cubes 1, 8, 27, 64. Ainfi 2025 quarré du neuviéme triangle 45, eft égal à la fomme des neuf premiers cubes 1, 8, 27, 64, 125, 216, 343, 512, 729. Et ainfi des autres.

10 Dans la fuite des nombres impairs, le premier; les deux fuivans ; les trois autres : les quatre fuivants : puis les cinq : les fix : & ainfi de fuite en augmentant toûjours d'un à l'infini, font la fuite des cubes depuis l'unité. Ainfi 1 fait le

1 2	3	4	5	6	7
1 | 3·5 | 7·9·11	13·15·17·19	21·23·25·27·29	31·33·35·37·39·41	43·45·47·49·51·53·55
1. 8. 27.	64.	125.	216.	343.	

premier cube 1; les deux fuivans 3, 5 font le fecond cube 8; les trois autres 7, 9, 11 font le troifiéme cube 27 ; les quatre 13, 15, 17, 19 font le quatriéme 64 ; les cinq 21, 23, 25, 27, 29 font le cinquiéme cube 125. & ainfi des autres.

11. Tout cube joint à fon quarré & à fon triangle, fait le triple de fa pyramide quarrée. Ainfi le cube 64 joint à fon quarré 16 & à fon triangle 10, fait 90 triple de fa pyramide quarrée 30. Ainfi le cube 1000 avec fon quarré 100 & fon triangle 55, fait 1155 triple de fa pyramide quarrée 385.

12. Toute colonne pentagonale jointe au double de fon quarré collateral, eft égale au triple de fa pyramide pentagonale. Ainfi la

colonne pentagonale 88 jointe à 32 double de
son quarré collateral 16 , est égale à 120 triple
de sa pyramide pentagonale 40. Ainsi la colonne pentagonale 1450 avec 200 double de son
quarré collateral, font 1650 triple de sa pyramide pentagonale 550. Et ainsi du reste.

CHAPITRE IX.

Triangles rectangles en nombres.

PARMI les admirables proprietés des nombres, l'on peut mettre celle-ci, avec beaucoup de raison qui est telle : Qu'il y a des nombres qui composent entr'eux des *Triangles rectangles*. Ce qui arrive lors qu'en trois nombres, le
quarré de l'un est égal aux quarrés des deux
autres : Comme en ces trois nombres 3 , 4 , 5 ,
le quarré du plus grand qui est 25 , est égal à 16
& à 9 quarrés des deux autres 4 & 3 ; ainsi ces
trois nombres font un triangle rectangle dont
l'hypotenuse ou le côté qui soutient l'angle droit
est 5 , & les deux autres côtés sont les deux autres nombres 4 , 3. Et par ce moyen , suivant
la 47e du premier d'Euclide , le quarré de
l'hypotenuse est égal aux quarrés des deux autres côtés.

L'Artifice de trouver ces nombres est inge-
nieux ; Prenés deux nombres inégaux quels

F iij

qu'ils foient pour les generateurs du triangle; le double de leur produit fera l'un des côtés; la difference de leurs quarrés fera l'autre; & la fomme de leurs quarrés fera l'hypotenufe. Ainfi prenant 1, 2 pour generateurs, le double de leur produit 4, & la difference de leurs quarrés 3 font les deux côtés, & l'hypotenufe eft 5, qui eft la fomme de leurs quarrés. Si vous prenés d'autres generateurs comme 2, 3; le double de leur produit eft 12, la difference de leurs quarrés 5, & la fomme de leurs quarrés 13 : ainfi ces trois nombres 12, 5, 13, font un triangle rectangle, par ce que 169 quarré de l'hypotenufe 13, eft égal à 144 & à 25 quarrés des deux autres côtés 12 & 5. Si les generateurs font 3, 4; le double de leur produit 24, la difference de leurs quarrés 7, & la fomme de leurs quarrés 25, font encore un triangle rectangle; dans lequel 625 quarré de l'hypotenufe 25, eft égal à 576 & à 49 quarrés des deux autres côtés 24 & 7.

CHAPITRE X.

Nombres amiables.

IL y a d'autres nombres que l'on appelle *amiables* dont les parties aliquotes adjoutées enfemble s'engendrent reciproquement l'une l'au-

tre : comme ces deux 284, 220. Car ces nombres 1, 2, 4, 71, 142 qui font les parties aliquotes
de 284, font égaux à 220. Et ceux-ci 1, 2, 4, 5,
10, 11, 20, 22, 44, 55, 110, qui font les parties aliquotes de 220, font égaux à 284. L'on peut
dire la même chofe de ces deux nombres 18416
& 17296.

Je n'aurois jamais fait, MONSEIGNEUR,
fi je voulois vous parler des *nombres magiques*,
des *combinaifons*, des *medietés*, & de mille autres
remarques ingenieufes & profondes qui font
expliquées dans les Livres d'Archimede, de
Diophante, de Nicomaque & de Maurolique ;
& dans ceux que nous avons de Meffieurs Ba-
chet, Viette, Defcartes, Pafchal, Frenicle, de
Fermat, Schotten, & de plufieurs autres ; Qui font
voir que ce n'a pas été fans raifon que Platon &
Pytagore ont crû que la doctrine des Nombres
avoit quelque chofe de furnaturel & de divin.

TRAITTÉ
DE
L'ARITHMETIQUE
PRATIQUE.

LIVRE PREMIER.

'ARITHMETIQUE prati- L I V. I.
que est *l'Art de bien conter.*

Cet Art consiste en diverses
pratiques des Nombres qui se
reduisent *aux quatre regles,* que
l'on appelle communement d'un
mot Arabe *l'Algorithme,* (par lesquelles on peut
*adjouter, soustraire, multiplier & diviser les nom-
bres;*) aux *extractions des racines, aux regles de
proportion & aux fractions.*

G

CHAPITRE PREMIER.

De la Numeration.

NOus nous fervons ordinairement de neuf caracteres pour conter, que l'on appelle des chiffres & qui nous font venus des Arabes ou des Indiens : ce font ceux - ci.

1, 2, 3, 4, 5, 6, 7, 8, 9.

Aufquels on adjoute celui-ci o , que l'on appelle un zero.

Leur valeur eft telle que le premier 1 , fignifie l'unité ou un ; le fecond 2 marque le binaire ou deux ; le troifième 3, le ternaire ou trois ; le quatriéme 4, le quaternaire ou quatre ; le cinquiéme 5, le quinaire ou cinq ; le fixiéme 6, le fenaire ou fix ; le feptiéme 7, le feptenaire ou fept ; le huitiéme 8 , l'octonaire ou huit ; & le neuviéme 9, le novenaire ou neuf. Le zero o, ne marque rien de luy-même, & il ne fert qu'à remplir les fieges ou places entre les chiffres , qui demeurant vuides pourroient caufer de la confufion.

Chacun de ces chiffres pris à part , ne vaut que le nombre d'unités dont il eft la marque : comme celui-ci 7 , qui denote le feptenaire ou fept, ne vaut que fept unités s'il eft feul ; Ainfi

5 pris feul, ne vaut que cinq, unités; 6, fix unités, & ainfi des autres. Mais lors qu'ils font
arangés enfemble fur une même ligne, ils chan-
gent de valeur à l'infini, felon la place qu'ils
occupent & la relation qu'ils ont avec ceux
qui les precedent ou qui les fuivent.

Car le premier fiege ou la premiere place des
nombres, pofés enfemble fur une même ligne,
(laquelle place fe doit prendre en commençant de la main droite à la gauche,) s'appelle
le fiege des unités; la feconde eft celui des denaires; la troifiéme celui des centenaires; la
quatriéme des millenaires; la cinquiéme des dix
mille; la fixiéme des cent mille; la feptiéme
des millions; la huitiéme des dix millions; la
neuviéme de cent millions; la dixiéme des
mille millions ou milliards, ou plûtoft des bimillions; l'onziéme des dix bimillions; la douziéme de cent bimillions; la treiziéme des trimillions; puis des quadrimillions, quintimil-
lions, & ainfi des autres à l'infini : Par le moyen
defquels Archimede à demontré que l'on pou-
voit conter, non feulement tous les grains de
fable de la mer, mais même tous ceux qui
pourroient être compris dans l'étenduë de l'U-
nivers, pourveu qu'elle ne fût pas infinie.

Voici un exemple de treize fieges : dont le
chiffre 5, dans le premier fiege à commencer
de la droite à la gauche, ne vaut que cinq uni-

13ᵉ 12ᵉ 11ᵉ 10ᵉ 9ᵉ 8ᵉ 7ᵉ 6ᵉ 5ᵉ 4ᵉ 3ᵉ 2ᵉ 1ᵉʳ

7 6 5 4 3 2 0 1 8 9 3 7 5

tés : le chiffre 7 dans le second siege, vaut sept
denaires, c'est à dire) septante : le chiffre 3 dans le
troisiéme, vaut trois centenaires ou trois cens :
le chiffre 9 du quatriême siege, vaut neuf mille : le 8 du cinquiéme siege des dix mille, vaut
octante mille : le 1 du sixiéme, vaut cent mille : le 0 dans le septiéme qui est des millions,
ne vaut rien, & il y est seulement pour remplir la place & conserver aux nombres suivans
leur legitime valeur : Ainsi le 2 dans le huitiéme siege qui est des dix millions, vaut vint millions : le 3 dans le neuviéme, vaut trois cens
millions : le 4 dans le dixiéme, vaut quatre bimillions : le 5 dans l'onziéme, vaut cinquante
bimillions : le 6 dans le douziéme, vaut six
cens bimillions, & le 7 qui est dans le treiziéme, vaut sept trimillions ; & ainsi des autres à l'infini. Et toute cette somme de 7 6 5 4
3 2 0 1 8 9 3 7 5 peut être énoncée en cette
maniere. Sept trimillions : six cens cinquante
quatre bimillions : trois cens vingt millions :
cent octante neuf mille : trois cens septante
cinq.

Surquoy il est bon de sçavoir que souvent
parmi nous, au lieu de dire septante, nous disons

foixante dix, foixante onze &c. & quatre vingts au lieu d'octante, & quatre vingts dix au lieu de nonante. Ainfi les derniers chiffres de cette fomme font ordinairement énoncez en cette maniere : cent quatre vingts neuf mil trois cens foixante quinze.

Où l'on voit de plus que chaque fiege eft decuple de celui qui le joint immediatement à main droite, centuple de celui qui n'en a qu'un autre entre deux, millecuple de celui qui en a deux, decuple millecuple de celui qui en a trois & ainfi des autres. Ainfi le dixiéme fiege qui eft des bimillions, eft decuple du neuviéme qui eft des cent millions, & centuple du huitiéme qui eft des dix millions, & millecuple du feptiéme qui eft des millions, & decuple millecuple du fixiéme qui eft des cent mille, & centuple millecuple du cinquiéme qui eft des dix mille, & ainfi du refte. Car chaque bimillion contient dix fois cent millions, cent fois dix millions, millefois un million, dix millefois cent mille, cent mille fois dix mille, & ainfi à l'infini.

Où l'on doit remarquer que cette manie-re de conter par la progreffion de dix en dix eft purement arbitraire; n'êtant peut-être ve-nuë que de l'ufage de ceux qui contoient au-tres fois, comme l'on dit, par leurs doigts. Car on auroit auffi facilement conté de douze en douze, de huit en huit, ou de tout autre nombre que de dix en dix. Ainſi que nous ſçavons avoir eſté pratiqué par quelques Nations, comme par les Americains de Mexique qui contoient autres fois de treize en treize, & par d'autres de cinq en cinq. Et ne pourroit-on pas dire avec quelqu'aparance de raiſon, ſur ces expreſſions ſi frequentes dans l'Ecriture Sainte de ces nombres de ſept, de ſept fois ſept, de ſeptante ſept fois ſept; que peut être les premiers Juifs ou les Caldéens, d'où ils êtoient ſortis, contoient de ſept en ſept.

Il faut de plus prendre garde que ces neuf caracteres ou chiffres dont nous nous ſervons preſentement pour conter, ne ſont pas fort anciens parmi nous : Nous n'en remarquons aucun uſage au deſſus du temps que nous avons eu commerce avec les Univerſités des Arabes d'Eſpagne, c'eſt à dire du temps de la plus haute domination des Sarazins.

CHAPITRE II.

Numeration des Grecs.

LEs Grecs ſe ſervoient des Caracteres de leur alphabet pour marquer leurs nombres, melant aux huit premieres Lettres un caractere êtranger ς, qui vaut ſept, pour deno-

ter les neuf chiffres des unités ; un autre ϙ, qui
vaut nonante, aux huit lettres suivantes pour
les neuf chiffres des dizaines; & un autre ϡ qui
vaut neuf cens, aux huit dernieres pour les neuf
chiffres des centaines. Aprés quoy ils repetoient
les neuf premieres avec un accent au dessous
pour marquer les mille, puis les neuf secon-
des avec le même accent pour les dix mille,
& les neuf dernieres pour les cent mille : Puis
ils mettoient deux accens sous les premieres
pour les millions, deux accens sous les secon-
des pour les dix millions, & autant sous les dernieres pour les cent millions : Ainsi trois accens
sous les Lettres marquoient les bimillions, quatre accens les trimillions, cinq accens les quadrimillions & ainsi des autres à l'infini à peu-
prés suivant cet ordre.

α. 1	ι. 10	ρ. 100	α̗. 1000	β̗. 2000
β. 2	κ. 20	σ. 200	ι̗. 10000	κ̗. 20000
γ. 3	λ. 30	τ. 300	ρ̗. 100000	σ̗. 200000
δ. 4	μ. 40	υ. 400	α̗̗. 1000000	δ̗̗. 4000000
ε. 5	ν. 50	φ. 500	ι̗̗. 10000000	μ̗̗. 40000000
ζ. 6	ξ. 60	χ. 600	ρ̗̗. 100000000	ψ̗̗. 700000000
ϛ. 7	ο. 70	ψ. 700	α̗̗̗. 1000000000	ι̗̗̗. 5000000000
η. 8	π. 80	ω. 800	ι̗̗̗. 10000000000	θ̗̗̗. 70000000000
θ. 9	ϙ. 90	ϡ. 900	ρ̗̗̗. 100000000000	χ̗̗̗. 600000000000

α. 1000000000000

α. 1000000000000000

De ſorte que pour faire la ſomme que nous avons rapportée cy-devant de 7 6 5 4 3 2 0 1 8 9 3 7 5.

Il faudroit toutes ces Lettres.

ϛ χ υ δ τ κ ρ π θ τ ε

CHAPITRE III.

Numeration des Romains.

LEs Romains avoient encore d'autres caracteres pour marquer leurs nombres dont l'uſage eſt demeuré à la Chambre des Comptes & aux Finances du Roy. Les voici en lettres Majuſcules.

I	1	X	10	C ou Ɔ	100	M ou CIƆ	1000.
II	2	XX	20	CC ou ƆIC	200	XM	10000.
III	3	XXX	30	CCC ou ƆIIC	300	L M	50000.
IIII ou IV.	4	XXXX ou XL	40	CCCC ou ƆIIIC	400	C M	100000.
V	5	L	50	D	500	D M	500000.
VI	6	LX	60	DC	600		
VII	7	LXX	70	DCC	700		
VIII ou IIX	8	LXXX	80	DCCC	800		
VIIII ou IX	9	LXXXX ou XC	90	DCCCC	900		

Voici

Voici les mêmes en Lettres ordinaires & courantes.

i	1	x	10	c	100	ɔ	1000
ij	2	xx	20	ij^{c}	200	x ɔ	10000
iij	3	xxx	30	iij^{c}	300	c ɔ	100000
iiij ou iv	4	xxxx ou xl	40	iiij^{c}	400	ɔij	1000000
v	5	l	50	v^{c}	500	x ɔij	10000000
vj	6	lx	60	vj^{c}	600	c ɔij	100000000
vij	7	lxx	70	vij^{c}	700	y ɔij	1000000000
viij	8	lxxx	80	viij^{c}	800	x y ɔij	10000000000
viiij ou ix	9	lxxxx ou xc	90	viiij^{c}	900	c y ɔij	100000000000

ij ^{ɔ}	2000
xxv ^{ɔ}	25000
v^{c} ɔ	500000
vij ɔij	6000000
lvij ɔij	57000000
viij^{c} ɔij	800000000
iiij ɔ ɔij	4000000000
xl y ɔij	40000000000
vc y ɔij	500000000000

De sorte que pour faire la somme que nous avons raportée cy-devant de 7 6 5 4 3 2 0 1 8 9 3 7 5, Voici les caracteres qu'il faudroit , *vii.*^{ijons} *vi*^{c} *Liiii.*^{yons} *iii* ^{c} *xx*^{ons} *CLXXXIX.*^{m} *iii*^{c} *Lxxv*,

Il est à remarquer que lors que l'on joint un petit nombre a un grand ; le total en est augmenté, si le petit est aprés l'autre ; mais il en est diminué d'autant, s'il est devant. Ainsi I mis aprés X en cette sorte XI, fait onze : mais s'il est mis devant comme ceci I X , il ne fait que neuf. X aprés L en cette maniere L X , fait soixante ; mais il ne fait que quarante s'il est mis devant en cette maniere , X L ; Par la même raison il ne fait que quatre vingts dix s'il est mis devant C en cette sorte X C. Ainsi C devant D , comme C D aux Lettres majuscules ne fait que quatre cens : & six cens s'il est aprés , comme D C. Et C devant M , ne fait que neuf cens. Il y a même des exemples dans les inscriptions antiques , où deux caracteres mis devant un plus grand , diminuent d'autant sa valeur : Ainsi I I X ne vallent que huit , & XIIX que de dixhuit. Mais cela est plus rare.

L'on peut ce me semble parler avec assés de probabilité de l'origine de ces caracteres : qui viennent peut - être de ce que les premiers peuples qui s'en sont servis , êtoient de ceux qui contant par leur doigts faisoient une ligne I , ou une marque droite à chaque fois : & lors qu'ils venoient au bout de leurs doigts , c'est à dire au nombre de dix, ils faisoient comme on dit une croix X , c'est à dire qu'ils tiroient une autre ligne au travers de la premiere. Ainsi ils faisoient un C , qui est la premiere lettre du mot *centum* , pour exprimer le nombre de cent; & un M qui est aussi la premiere du mot *mille* , pour signifier celui de mille.

Maintenant si l'on coupe le caractere X qui

vaut dix par la moitié, la partie superieure fait la figure d'un V : d'où vient qu'ils se sont ser-vis de l'V, pour marquer le nombre de cinq qui est la moitié de celui de dix. Et de la Lettre L pour cinquante qui est la moitié de cent; parce que faisant anciennement leur caractere C quar-ré en cette maniere ⌐ , (comme on le voit en-core aux vieilles Inscriptions,) la moitié infe-rieure du même ⌐ coupé en deux, fait la Lettre L. Ainsi D fait cinq cens moitié de mille, parce que coupant le caractere Cꟼ, dont ils se font toûjours servis pour mille, en deux égale-ment Cꟼ; la moitié de main droite fait la Let-tre D.

LIVRE PREMIER.

CHAPITRE IV.

De l'Algorithme des nombres entiers, ou des quatre premieres Regles d'Arithmetique.

COMME les Nombres peuvent être adjoutés ensemble, ou souftraits l'un de l'autre, ou multipliés, ou même divifés l'un par l'autre ; il y a quatre Operations de l'Arithmetique pratique que l'on appelle *les quatre premieres regles* qui font *l'Addition*, la *Souftraction*, la *Multiplication & la Divifion*.

L'Addition eft une regle par laquelle *vous trouvez un nombre égal à la fomme de plufieurs nombres donnés.*

La Souftraction eft une regle par laquelle *vous trouvés un nombre égal à la difference de deux nombres donnés.*

La Multiplication eft une regle par laquelle *à deux nombres donnés qui fe doivent multiplier, vous trouvés un troifiéme qui contienne autant de fois l'un des donnés, qu'il y a d'unités dans l'autre.*

La Divifion eft une regle par laquelle *à deux nombres donnés dont l'un doit divifer l'autre, vous*

en trouvés un troifiéme qui ait autant de fois l'u-
nité, que le divifeur eft contenu dans le nombre qu'il
doit divifer.

Ces quatre regles font le fondement non
feulement de tout ce qui fe peut pratiquer en
Arithmetique, mais même des principales operations du refte des Mathematiques ; lefquelles
font abfolument inutiles, fi elles ne font aidées
de la parfaite conoiffance de celles - ci. Dont
voici les pratiques.

Liv. I.
Chap. IV.
L'Algorithme
des nombres
entiers.

CHAPITRE V.

L'Addition des nombres entiers.

LES fommes que l'on veut adjouter enfemble, doivent être mifes l'une fous l'autre, enforte que les parties de l'une foient juftement au deffous de celles de l'autre qui font
de même genre : c'eft à dire que les unités foient
fous les unités, le dixaines fous les dixaines,
les centaines fous les centaines, & ainfi du refte.
Aprés quoy tirant une ligne au deffous de la
derniere des fommes, il faut commencer par
la droite ; & adjoutant enfemble tous les nombres qui font dans la file du premier fiege qui
eft celui des unités, il en faut écrire la fomme,
fi elle eft moindre que dix, au deffous de la
ligne & dans le même fiege des unités : Mais

Chap. V.
Addition des
nombres en-
tiers.

H iij

fi elle monte à dix ou au delà, il faut feulement écrire le nombre des unités qui font au
deffus & en retenir autant d'autres qu'il y a
de dixaines, afin de les adjouter à celles des
dixaines qui font dans le fecond fiege ; dont
les nombres doivent être adjoutés en la même
maniere que celui des unités, enforte que toutes les fois que leur fomme paffe dix, l'on
écrive feulement, vis à vis des dixaines, les unités qui font au pardeffus, ou au moins un zero
o s'il n'y en a point, en retenant autant d'autres unités qu'il y a de dixaines, afin de les adjouter à la fomme des centaines qui font dans
le troifiéme fiege. Ainfi l'on doit adjouter les
nombres des centaines, puis ceux des mille,
des dix mille, & ainfi des autres : jufqu'à ce
qu'arrivant aux chiffres du dernier fiege de
main gauche, fous lequel il faut pofer les unités qui dans leur fomme furpaffent les dixaines, l'on doit dans le fiege fuivant fous la
Ligne écrire le nombre des mêmes dixaines
que l'on avoit retenuës.

Comme fi je voulois ad-
jouter ces quatre fommes ;
fçavoir celle de trois mille
cinq cens quarante deux ; de
fix mille neuf cens cinquante
quatre ; de deux mille huit
cens vingt un ; & de dix neuf

	3	5	4	2
	6	9	5	4
	2	8	2	1
	1	9	4	2
1	5	2	5	9

cens quarante deux ; Je les mettrois l'une fous l'autre , enforte que les unités de l'une rêpondiffent juftement aux unités de l'autre, les dixaines aux dixaines , les centaines aux centaines , & les mille aux mille : aprés quoy tirant une ligne au deffous j'ajouterois toutes les unités enfemble en difant 2 & 1 font 3 , & 4 font 7, & deux font 9 , que j'écrirois fous la ligne au fiege des unités ; parce que ce nombre êtant moindre que dix , il n'y a rien à retenir. Puis j'ajouterois en la même maniere tous les chiffres du fiege fuivant en difant 4 & 2 font 6, & 5 font 11, & 4 font 15; dans laquelle fomme, parce qu'il y a une dixaine

& cinq unités , je mettrois 5 fous la ligne & je retiendrois 1 pour la dixaine. Que je joindrois aux chiffres du fiege fuivant en difant 1 & 9 font 10 , & 8 font 18 , & 9 font 27 , & 5 font 32 : dans lequel nombre il y a trois dixaines & deux unités ; Ainfi

3	5	4	2
6	9	5	4
2	8	2	1
1	9	4	2
1 5	2	5	9

je poferois 2 fous la ligne & retiendrois 3 pour les dixaines. Que j'ajouterois aux nombres des chiffres fuivans en difant 3 & 1 font 4, & 2 font 6, & 6 font 12, & 3 font 15; qui contenant une dixaine & cinq unités , je poferois 5 fous la ligne & retiendrois 1 pour la dixaine ; Que je mettrois auſſi dans le ſiege ſuivant, parce qu'il n'y a plus de nombres au deſſus a qui il faudroit l'adjouter. Et par cette operation je trouverois la ſomme de quinze mille deux cens cinquante neuf, égale à celle des quatre propoſées.

Ainſi pour ſçavoir quelle eſt la ſomme de ces quatre adjoutées enſemble, ſçavoir de ſept millions ſix cens trente quatre mille deux cens dixhuit ; de cinq millions trois cens neuf cens & quatre ; de quarante ſix millions cinq cens trente un mille deux cens quatre-vingts neuf ; de un million cinquante ſept mille & ſix. Je les diſpoſe enſorte que les unités de l'une ſoit juſtement ſous les unités de l'autre, les dixaines ſous les dixaines &c. Puis ayant tiré une ligne, j'ajoute toutes les unités en diſant 6 & 9 ſont 15, & 4 ſont 19, & 8 ſont 27 dans lequel il y a deux dixaines & ſept unités ; Ainſi je poſe 7 ſous les unités & retiens 2 ; Pour les joindre à la ſomme ſuivante des dixaines en diſant 2 & 0 ſont 2, & 8 ſont 10, & 0 ſont 10, & 1 ſont 11 qui contiennent une dixaine & une unité ; ainſi je poſe 1 au ſiege des dixaines & retiens 1 ; Pour l'adjouter aux chiffres

	7	6	3	4	2	1	8
	5	3	8	7	9	0	4
4	6	5	3	1	2	8	9
	1	0	5	7	0	0	6
6	0	6	1	0	4	1	7

chiffres des centaines en difant 1 & o font 1, & 2
font 3, & 9 font 12, & 2 font 14 , qui ont une
dixaine & quatre unités : Ainfi je pofe 4 & retiens 1 ; Que je joints aux chiffres fuivants des
mille en difant 1 & 7 font 8 , & 1 font 9, & 7
font 16 , & 4 font 20 , qui ne contiennent que
deux dixaines fans unités : ce qui fait je pofe
feulement o fous la ligne pour remplir le fiege,
& je retiens pour les deux dixaines 2 ; Que j'a-
joute aux nombres fuivants , en difant 2 & 5
font 7, & 3 font 10, & 8 font 18 , & 3 font 21,
qui contiennent deux dixaines & une unité :
Ainfi je pofe 1 & retiens 2 ; Pour les joindre
aux nombres fuivans en difant 2 & o font 2,
& 5 font 7 , & 3 font 10 , & 6 font 16 , qui
ont une dixaine & fix unités : ainfi je pofe 6 &
retiens 1 ; Pour la joindre aux chiffres du fiege
fuivant en difant 1 & 1 font 2 , & 6 font 8 ,
& 5 font 13 , & 7 font 20 , qui n'ont que
deux dixaines fans unités : ainfi je pofe o &
retiens 2 ; Que j'adjoute à 4 du fiege fuivant
& je mets leur fomme 6 fous la ligne , parce
qu'il n'y a rien à retenir. Et par ce moyen j'ay la
fomme de foixante millions fix cens dix mille
quatre cens dix fept , égale à celle des quatre
propofées.

Si l'on veut adjouter des fommes où il y ait
des livres , des fols & des deniers ; il faut avoir
le foin de mettre les deniers en file les uns fous

les autres, & les fols fous les fols, & les livres fous les livres ; & commencer par les deniers qu'il faut adjouter tous enfemble, & pofer leur fomme fous la ligne au fiege des deniers, fi elle eft moindre de 12 : Mais fi elle eft plus grande, il faut voir combien de fois elle contient douze, puis pofer fous la ligne ce qui fe trouve au pardeffus, & retenir autant d'unités qu'il y a eu de fois douze, pour les joindre aux chiffres des fols qui fuivent, parce que chaque fol vaut 12 deniers. Ainfi il faut adjouter tous les fols enfemble, & en pofer la fomme fous la ligne fi elle eft moindre de vingt : Mais fi elle eft plus grande, il faut voir combien de fois elle contient le nombre de vingt, & retenir autant d'unités pour les adjouter aux nombres des livres, mettant feulement fous la ligne au fiege des fols, ce qui fe trouve au pardeffus des vingt ; le refte pour les livres s'acheve en la maniere que nous venons d'expliquer pour l'adition des nombres fimples.

Comme fi l'on propofoit ces quatre nombres à ajouter, fçavoir celui de trois cens quatre vingts douze livres huit fols quatre deniers ; de cinq cens quarante huit livres dix-

3 9 2 ^{tt}	8 ß	4 ₰
5 4 8 ^{tt}	17 ß	8 ₰
9 6 5 ^{tt}	11 ß	6 ₰
8 7 6 ^{tt}	18 ß	11 ₰
2 7 8 3 ^{tt}	16 ß	5 ₰

sept sols huit deniers ; de neuf cens soixante
cinq livres onze sols six deniers ; & de huit cens
soixante seize livres dixhuit sols onze deniers : Il
faudroit les disposer en la maniere ci-devant, c'est
à dire les deniers sous les deniers , les sols sous
les sols, & les livres sous les livres. Puis adjouter les deniers en disant 11 & 6 sont 17 , & 8
sont 25 , & 4 sont 29 ; dans quoy le nombre
douze est contenu deux fois & il reste cinq :
Ainsi je mets 5 sous la ligne au siege des deniers , & je retiens 2 qui valent deux sols ;
Que j'ajoute aux autres en disant 2 & 18 sont
20 , & 11 sont 31, & 17 sont 48 , & 8 sont
56 , qui contiennent deux fois le nombre
vingt , & seize unités de plus : Ainsi je pose
16 sous la ligne au siege des sols & je retiens 2 qui vallent deux livres ; Pour les
ajouter aux autres , en disant 2 & 6 sont 8,
& 5 sont 13 , & 8 sont 21 , & 2 sont 23 , où il
y a deux dixaines & trois unités : Ainsi je
pose 3 & retiens 2 ; Que j'ajoute aux chiffres
suivans en disant 2 & 7 sont 9 , & 6 sont 15 ,
& 4 sont 19 , & 9 sont 28 : ainsi je pose 8 &
retiens 2 ; Que j'ajoute aux suivans en disant 2 & 8 sont 10 , & 9 sont 19 , & 5 sont
24 , & 3 sont 27 , où il y a sept unités que je
pose sous la ligne , & deux dixaines que je retiens ; Pour les joindre aux nombres du siege
suivant s'il y en avoit , mais que je pose en-

fuitte fous la ligne, parce qu'il n'y a plus rien
a ajouter. Ainfi je trou-
ve la fomme de deux mil-
le fept cens quatre vingts
trois livres feize fols cinq
deniers, qui eft égale aux
quatre fommes propofées
a ajoûter.

3	9	2ᵗᵗ	8ß	4ℓ
5	4	8ᵗᵗ	17ß	8ℓ
9	6	5ᵗᵗ	11ß	6ℓ
8	7	6ᵗᵗ	18ß	11ℓ
2 7 8	3ᵗᵗ		16ß	5ℓ

S'il n'y avoit que des Livres & des deniers à
ajouter, il faudroit mettre un o pour remplir
le fiege des fols, afin d'y pouvoir placer fous la
ligne ceux qui pourroient provenir de l'addition des deniers.

Au refte il eft bon à ceux qui veulent fe rendre familieres les regles d'Arithmetique, de
s'accoûtumer de bonne heure à fçavoir d'abord
ce que font deux nombres finguliers, quels
qu'ils foient, ajoutés enfemble : comme 7 & 5
qui font 12 ; 8 & 7 qui font 15 ; 9 & 8 qui font
17 ; & ainfi du refte. Par ce moyen vous co-
noiffés facilement ce que font un nombre fimple & un compofé enfemble. Car fçachant que
9 & 8 font 17, je fçay auffi-tôt que 19 & 8 font
27 : 39 & 8 font 47. Ainfi fi je conois que 8 &
9 font 17, je fçay auffi-toft que 28 & 9 font
37 : 58 & 9 font 67 : & ainfi des autres. Ce qui
eft abfolument neceffaire pour operer feure-
ment & facilement tant en la regle de la Sou-

ſtraction qu'en celle de l'Addition : car ſçachant que 8 & 9 font 17 , je ſçay qu'ôtant 9 de 17 il reſte 8 ; & qu'ôtant 8 du même 17 il reſte 9.

La preuve de l'Addition ſe fait par la ſouſtraction ainſi que nous dirons cy-aprés.

CHAPITRE VI.

La Souſtraction des nombres entiers.

P OUR ſouſtraire un nombre d'un autre, il faut mettre le petit ſous le plus grand, enſorte que les unités repondent aux unités, les dixaines aux dixaines , & les autres nombres aux autres nombres , ainſi que nous avons dit en la Regle precedente. Puis ayant tiré une ligne au deſſous , il faut ſouſtraire chacun des nombres de deſſous , de chacun de ceux de deſſus qui leur repondent , à commencer à la main droitte , c'eſt à dire par les unités , & continuër ainſi de ſiege en ſiege , écrivant au deſſous de la ligne ce qui reſte de la ſouſtraction de chacun d'eux , aprés avoir ôté le petit nombre du plus grand.

Comme s'il falloit ôter la ſomme de cinquante trois mille deux cens douze , de celle de ſoixante dix neuf mille

7	9	4	8	3
5	3	2	1	2
2	6	2	7	1

quatre cens quatre vingts trois : Je mets la petite ſous la grande, enſorte que les unités ſoient ſous les unités , les dixaines ſous les dixaines & ainſi du reſte. Puis ayant tiré une ligne au deſſous je commence ma ſouſtraction des nombres de chaque ſiege par la main droite , c'eſt à dire par le ſiege des unités en diſant

$$
\begin{array}{ccccc}
7 & 9 & 4 & 8 & 3 \\
5 & 3 & 2 & 1 & 2 \\
\hline
2 & 6 & 2 & 7 & 1
\end{array}
$$

qui de 3 ôte 2 il reſte 1, que je poſe ſous la ligne au ſiege des unités ; puis paſſant à celui des dixaines , je dis qui de 8 ôte 1 reſte 7 , que je poſe ſous la ligne au même ſiege ; Ainſi paſſant de ſuitte, je dis qui de 4 ôte 2 reſte 2 , que je poſe au deſſous ; Puis au ſiege ſuivant , je dis qui de 9 ôte 3 reſte 6 , que j'ècris ſous la ligne ; Ainſi qui de 7 ôte 5 reſte 2 , que je mets auſſi ſous la ligne dans le même ſiege. Et je trouve la ſomme de vingt ſix mille deux cens ſoixante onze , qui eſt la difference des deux données , c'eſt à dire ce qui reſte aprés que la moindre a été ôtée de la plus grande.

Si le chiffre de deſſus ſe trouve dans quelque ſiege moindre que celui qui lui repond , enſorte que celui-ci ne puiſſe pas être ôté de l'autre ; il faut emprunter une unité ſur le ſiege ſuivant à main gauche , qui vaut 10 à l'égard de celui qui le precede à la droite : & ôtant du nombre 10 celui de la ſomme de deſſous , il

faut ajouter au reste le chiffre de dessus & poser sous la ligne la somme des deux ensemble.
Puis continuant la soustraction, il faut considerer le chiffre de dessus, sur lequel on a emprunté, comme un nombre duquel on a pris
une unité ; & faire sur ce pied la soustraction du
chiffre de dessous si elle s'en peut faire : Car si
celui de dessus diminué d'une unité, se trouvoit moindre que celuy de dessous qui luy repond ; il faudroit encore emprunter 1 sur le
siege suivant, & ôtant de 10 le nombre infe-
rieur, adjouter au reste le superieur moins 1, &
poser leur somme sous la ligne ; & passer ainsi
dans les autres sieges, jusqu'à ce que le chiffre
superieur diminué d'une unité se trouvant égal
ou plus grand que celui de dessous, la soustraction s'en puisse faire : Ce qui doit necessairement arriver au moins au dernier siege, puis-
que la somme de dessus est supposée plus grande que celle de dessous.

Ceci se peut voir en
cet exemple dans lequel il
faut ôter quarante six mille deux cens soixante treize
de la somme de soixante

$$
\begin{array}{ccccc}
6 & 5 & 3 & 6 & 2 \\
4 & 6 & 2 & 7 & 3 \\
\hline
1 & 9 & 0 & 8 & 9
\end{array}
$$

cinq mille trois cens soixante deux ; lesquelles
étant disposées comme il a été ordonné, je
commence la soustraction par les unités en
disant qui de 2 ôte 3 ne peut ; ainsi j'emprunte

1 fur le fiege fuivant qui vaut 10, & je dis qui de 10 ôte 3 refte 7, aquoy ajoutant le chiffre de deffus 2 j'ay 9, que je pofe fous la ligne au fiege des unités. Enfuite puifque j'ay emprunté 1 fur le fecond fiege, le chiffre 6 qui s'y rencontre ne vaut plus que 5 ; ainfi je dis qui de 5 ôte 7 ne peut, j'em-
prunte donc 1 fur le troifiéme fiege qui vaut 10 à l'égard du

$$\begin{array}{ccccc} 6 & 5 & 3 & 6 & 2 \\ 4 & 6 & 2 & 7 & 3 \\ \hline 1 & 9 & 0 & 8 & 9 \end{array}$$

fecond ; partant je dis qui de 10 ôte 7 refte 3, qui ajoutés à 6 moins 1 qui luy repondent au def-fus, c'eft à dire à 5 font 8, que je pofe fous la ligne au fecond fiege. Ainfi parce que j'ay emprunté 1 fur le troifiéme fiege, le chiffre 3 qui y eft ne vaut plus que 2, qui n'êtant pas moindre que celui qui lui repond au deffous, je dis qui de 2 ôte 2 ne refte rien, & je mets 0 au deffous pour remplir le fiege. Puis paffant au fuivant, je dis qui de 5 ôte 6 ne peut, & j'emprunte 1 fur le fiege fuivant qui vaut 10, & je dis qui de 10 ôte 6 refte 4, qui avec le 5 de deffus fait 9 que je pofe fous la ligne. Enfin puifque j'ay pris 1 fur le dernier fiege, le chiffre 6 ny vaut plus que 5, d'où ôtant celui de 4 qui lui re-pond, il refte 1 que je pofe fous la ligne au dernier fiege ; Et j'ay la fomme de dix neuf mille quatre vingts neuf, pour la differen-ce des deux données, ou pour ce qui refte aprés

avoir

avoir ôté la moindre de la plus grande.

Cette pratique deviendra encore plus claire par cet autre exemple, dans lequel il faut ôter vingt trois mille huit cens quarante neuf, de trente mille soixante. Commençant par les unités je dis qui de 0 ôte 9 ne peut, ainsi j'emprunte 1 sur le siege suivant qui vaut 10, & je dis qui de 10 ôte 9 reste 1, qui avec le 0 de dessus fait toûjours 1,

$$
\begin{array}{ccccc}
\dot{3} & \dot{0} & 0 & \dot{6} & 0 \\
2 & 3 & 8 & 4 & 9 \\
\hline
 & 6 & 2 & 1 & 1 \\
\end{array}
$$

que je pose sous la ligne au siege des unités. Maintenant ayant emprunté 1 sur le second siege, le chiffre 6 n'y vaut plut que 5 ; ainsi je dis qui de 5 ôte 4 reste 1, que je pose aussi sous la ligne. Au troisième siege je dis qui de 0, ôte 8 ne peut, & j'emprunte 1 sur l'autre siege qui vaut 10, & je dis qui de 10 ôte 8 reste 2, à quoy il n'y a rien a ajoûter, parce que c'est un 0 qui lui repond au dessus, & je pose 2 sous la ligne. Ainsi dans le siege suivant, je dis qui de 0 moins 1 ôte 3 ne peut ; j'emprunte donc 1 sur l'autre siege, qui vaudroit 10 sur celui-ci si l'on n'y avoit rien emprunté, mais qui par conse-quent ne vaut que neuf : Ainsi je dis qui de 9 ôte 3 reste 6, que je pose sous la ligne. Enfin parce que j'ay pris 1 sur le dernier siege, le chif-fre 3 ny vaut plus que 2, d'où ôtant 2 qui lui repondent au dessous il ne reste rien ; Et je ne

K

marque rien fous la ligne, où il feroit inutile de pofer un o pour remplir le fiege, puis qu’il n’y a point de chiffres dans les fieges fuivans. Et par cette prati-

$$\begin{array}{r} 3\ 0\ 0\ 6\ 0 \\ 2\ 3\ 8\ 4\ 9 \\ \hline 6\ 2\ 1\ 1 \end{array}$$

que je trouve que fix mil deux cens onze eft la difference des deux nombres donnés, & ce qui refte aprés avoir ôté le moindre du plus grand.

Au refte il eft bon de marquer des points au deffus des chiffres fur lefquels vous empruntés dans l’Operation, pour faire la fouftraction des nombres precedents; Car ils vous fervent à vous en faire fouvenir, & empêchent la confufion qui pourroit facilement arriver fi l’on n’y prenoit pas garde.

La Souftraction des fommes où il y a des livres, des fols & des deniers fe fait en la même maniere. C’eft à dire que commençant par les deniers, il faut emprunter 1 fur le fiege des fols, qui vaut 12 en celui des deniers, pour en faire la Souftraction fi le nombre des deniers de deffus eft moindre que celui de deffous ; & & fe fouvenant que le nombre des fols de deffus eft diminué de 1, il faut emprunter 1 fur le fiege des livres, qui vaut 20 en celui des fols, fi la Souftraction ne s’en peut pas faire autrement; & achever le refte ainfi que nous venons de dire.

Ainſi pour ôter vint-
huit livres huit ſols ſix
deniers , de cinquante
ſix livres ſept ſols qua-
tre deniers ; je dis au
ſiege des deniers , qui

$$5\ 6^{tt}\quad 7\ \beta\quad 4\ \ell$$
$$2\ 8^{tt}\quad 8\ \beta\quad 6\ \ell$$
$$\overline{\qquad\qquad\qquad\qquad\qquad}$$
$$2\ 7^{tt}\quad 18\ \beta\quad 10\ \ell$$

de 4 ôte 6 ne peut , & j'emprunte 1 ſur le ſiege
des ſols , qui vaut 12 en celui des deniers ; & je
dis qui de 12 ôte 6 , reſte 6 & 4 qui ſont au
deſſus font 10 , que je poſe ſous la ligne au
ſiege des deniers. Puis paſſant à celui des ſols ,
je dis qui de ſept moins 1 , c'eſt à dire de 6
ôte 8 ne peut , & j'emprunte 1 ſur le ſiege des
livres , qui vaut 20 en celui des ſols ; & je dis
qui de 20 ôte 8 reſte 12 & 7 moins 1 c'eſt à dire
6 de deſſus font 18 , que je poſe ſous la ligne
au ſiege des ſols. Enſuite je viens aux unités
des livres , & je dis qui de ſix moins 1 , ou de
5 ôte 8 ne peut , & j'emprunte 1 ſur le ſiege
ſuivant qui vaut 10 ; ainſi je dis qui de 10 ôte
8 reſte 2 & 5 de deſſus font 7 , que je poſe ſous
la ligne. Puis je dis qui de 5 moins 1 , ou de 4
ôte 2 reſte 2 , que je poſe auſſi ſous la ligne.
Et par ce moïen je trouve la ſomme de vingt
ſept livres dix huit ſols dix deniers pour la difference des deux ſommes propoſées.

Il peut arriver qu'il n'y aura que des Livres dans
l'une des ſommes , & des livres avec des deniers
dans l'autre ; Qu'il faut neanmoins diſpoſer en
K ij

la maniere qu'ils le feroient s'il y avoit par tout des ſols & des deniers rempliſſant plûtôt tous les ſieges vuides par des o., pour empêcher de ſe tromper. Comme ſi de la ſomme de vint livres il falloit ôter celle de treize livres & quatre deniers :

2	0 ℔	0	ß	0	ℓ
1	3 ℔	0	ß	4	ℓ
6 ℔		19 ß		8 ℓ	

Aprés les avoir mis en cette maniere, Je dis au ſiege des deniers qui de o paye 4 ne peut, & j'emprunte 1 ſur le ſiege des ſols, ſoit qu'il y en ait ou qu'il n'y en ait point, qui vaut 12 ; puis je dis qui de 12 ôte 4 reſtent 8, que je poſe ſous la ligne au ſiege des deniers. Aprés quoy venant au ſiege des ſols, je dis qui de o moins 1 ôte o ne peut, & j'emprunte 1 ſur le ſiege des livres qui vaudroit 20 en celui des ſols, s'il n'y avoit été rien pris, & qui par conſequent ne vaut que 19: Ainſi je dis qui de 19 ôte o reſtent 19, que je poſe ſous la ligne au ſiege des ſols. Puis venant aux unités des livres, je dis qui de o moins 1 ôte 3 ne peut, & j'emprunte 1 ſur le ſiege ſuivant qui vaudroit icy 10, ſi je n'y avois rien emprunté, mais qui par cette raiſon ne vaut plus que 9 : Ainſi je dis qui de 9 ôte 3 reſte 6, que je mets ſous la ligne au ſiege des unités des livres. Aprés quoy je dis qui de 2 moins 1, c'eſt à dire qui de 1 ôte 1, ne reſte rien ; ainſi je ne poſe rien ſous la ligne : Et je trouve qu'il me refte fix livres dix neuf fols huit deniers aprés avoir ôté treize livres & quatre deniers de vingt livres.

CHAPITRE VII.

Preuve de la Souftraction des nombres entiers.

LA preuve de la Souftraction fe fait par l'Addition, & celle de l'Addition par la Souftraction. Car la Souftraction eft bonne fi la fomme du refte, ajoutée à celle qui a été ôtée, fait celle de laquelle on a fait la fouftraction. Ainfi la premiere operation eft bonne, parce que le refte vingt fix mille deux

5	3	2	1	2
2	6	2	7	1
7	9	4	8	3

cens foixante onze, ajouté à la fomme fouftraite de cinquante trois mille deux cens douze, fait celle dont on a fait la Souftraction de foixante dix neuf mille quatre cens quatre vingts trois.

La feconde Operation eft auffi bonne, parce que la moindre des fommes, qui eft de quarante fix mille deux cens feptante trois, ajoutée à celle qui refte de dix neuf mille

4	6	2	7	3
1	9	0	8	9
6	5	3	6	2

quatre vints neuf, fait la plus grande de foixante cinq mille trois cens foixante deux.

K iij

La troiſiéme eſt auſſi bien faite, car la moindre qui eſt de vingt trois mille huit cens quarante neuf, jointe au reſte qui eſt de ſix mille deux cens onze, eſt égale à la plus grande qui eſt de trente mille ſoixante.

2	3	8	4	9
	6	2	1	1
3	0	0	6	0

Par la même raiſon la premiere Souſtraction faite avec des livres, des ſols & des deniers ſe trouve bonne, parce que la moindre ſomme qui eſt de vingt huit livres huit ſols ſix deniers, & le reſte qui eſt de vingt ſept livres dix huit ſols dix deniers, font enſemble la plus grande, qui eſt de cinquante ſix livres ſept ſols quatre deniers.

2 8ᵗᵗ	8ß	6 ♌
2 7ᵗᵗ	1 8ß	10 ♌
5 6ᵗᵗ	7ß	4 ♌

La ſeconde eſt auſſi bien faite : Car la moindre de treize livres quatre deniers & le reſte de ſix livres dix neuf ſols huit deniers, font enſemble la plus grande de vingt livres.

1 3ᵗᵗ		4 ♌
6ᵗᵗ	1 9ß	8 ♌
2 0ᵗᵗ		

CHAPITRE VIII.

Preuve de l'Addition des nombres entiers.

ENTRE les preuves de l'Addition celle-ci, qui se fait par la Soustraction, est la plus sûre en cette maniere. Ajoûtés les nombres de la premiere file à gauche & ôtés leur somme de celui qui lui repond sous la ligne, qu'il faut effacer mettant au dessous le reste, s'il y en a. Puis ajoutés ceux de la file suivante, & ôtant leur somme du nombre qui lui repond & qu'il faut effacer, écrivés le reste au dessous ; & faites ainsi de file en file jusqu'à la derniere à droite ; dont les nombres ajoutés ensemble doivent être égaux à ceux qui leur repondent sous la ligne, si l'operation de la regle est bonne.

Ainsi pour faire la preuve de cette addition, je commence à la premiere file à gauche en disant, pour ajouter leurs nombres, 3 & 6 sont 9, & 2 sont 11, & 1 sont 12, qui ôtés du nombre 15 qui lui repond sous la ligne & que j'efface, laissent 3 que j'écris au dessous.

$$
\begin{array}{cccc}
3 & 5 & 4 & 2 \\
6 & 9 & 5 & 4 \\
2 & 8 & 2 & 1 \\
1 & 9 & 4 & 2 \\
\hline
1 & 5 & 2 & 5 & 9 \\
3 & 1 & & &
\end{array}
$$

Puis j'ajoute ceux de la file suivante en disant 5 & 9 sont 14, & 8 sont 22, & 9 sont 31, que j'ôte de 32 qui lui répond & que j'efface, écrivant le reste 1 au dessous. Ainsi j'ajoute ceux de la troisiéme file en disant 4 & 5 font 9, & 2 font 11, & 4 font 15, qui ôtés de 15 qui lui repond & que j'efface, ne laissent rien. Enfin à la derniere file je dis 2 & 4 font 6, & 1 font 7, & 2 font 9, que j'ôte du nombre 9 qui lui repond & que j'efface ; & comme il ne reste rien aprés la derniere soustraction, l'on peut dire que l'Addition a été bien pratiquée.

$$3\ 5\ 4\ 2$$
$$6\ 9\ 5\ 4$$
$$2\ 8\ 2\ 1$$
$$1\ 9\ 4\ 2$$

Ainsi pour verifier cette autre addition, je commence par la premiere file à gauche où il n'y a que 4, que j'ôte de 6 qui lui repond & que j'efface, posant le reste 2 au dessous. Puis à la seconde file, je dis 7 & 5 font 12, & 6 font 18, & 1 font 19, qui ôtés de 20 que j'efface, laissent 1 que j'écris. Puis à la troisiéme, je dis 6 & 3 font 9, & 5 font 14, qui ôtés de 16 que j'efface laissent 2 que j'écris. Puis à la quatriéme, je dis 3 & 8 font 11, & 3 font 14, & 5 font 19, qui ôtés de 21 que j'efface, laissent 2 que j'écris. A la cinquiéme, je dis 4 & 7 font 11, & 1 font 12, & 7 font 19, qui ôtés de 20 que j'efface, laiss-

$$7\ 6\ 3\ 4\ 2\ 1\ 8$$
$$5\ 3\ 8\ 7\ 9\ 0\ 4$$
$$4\ 6\ 5\ 3\ 1\ 2\ 8\ 9$$
$$1\ 0\ 5\ 7\ 0\ 0\ 6$$

sent 1

sent 1 que j'écris. Puis à la sixiéme je dis 2 & 9
font 11, & 2 font 13, qui ôtés de 14 que j'efface, laissent 1 que j'écris. A la septiéme je dis 1
& 8 font 9, qui ôtés de 11 que j'efface, laissent
2 que j'écris. Enfin à la derniere file je dis 8 &
4 font 12, & 9 font 21, & 6 font 27, qui ôtés
de 27 que j'efface, ne laissent rien & font voir
que la regle est bonne.

Liv. I.
Chap. VIII.
Preuve de
l'Addition des
nombres en-
tiers.

Quand l'Addition est de livres, de sols, &
de deniers, il faut pour en faire la preuve reduire en sols ce qui reste de livres aprés la fou-
straction faite de la derniere file des livres, &
ajouter leur somme à celle des sols ; Puis il
faut reduire en deniers les sols qui restent de
la soustraction de la derniere file des sols, &
ajouter leur somme à celle des deniers ; & achever la preuve en la même maniere.

Comme pour faire la preuve de cette Addition, je commence toûjours à gauche, & je dis 3 & 5 font 8, & 9 font 17, & 8 font 25, qui ôtés de 27 qui leur repondent & que j'efface, laissent 2 que j'écris.

		tt		ß		ℛ
3	9	2	8			4
5	4	8	1	7		8
9	6	5	1	1		6
8	7	6	1	8		11

~~x~~ ~~7~~ ~~8~~ ~~3~~ tt   ~~x~~ ~~6~~ ß   ~~5~~ ℛ

~~x~~ ~~x~~ ~~x~~ tt   8 ~~6~~ ß   ~~x~~ ~~9~~ ℛ

~~x~~ ~~x~~

L

Puis à la seconde file je dis 9 & 4 font 13 , & 6
font 19 , & 7 font 26 , qui ôtés de 28 que j'efface , laiſſent 2 que j'écris. Puis à la derniere
je dis 2 & 8 font 10 , & 5 font 15 , & 6 font 21,
qui ſouſtraits de 23 que j'efface , laiſſent 2 c'eſt
à dire 2 ᵗᵗ qui reduites en ſols font 40 ß , que
j'ajoute à la ſom-
me de 16 ß que
j'efface , & j'écris
56 ß. Puis com-
mençant à la pre-
miere file des ſols
à gauche , je dis
1 & 1 font 2 , & 1
font 3 , qui ôtés
de 5 qui lui rê-
pond & que j'ef-
face , laiſſent 2
que j'écris. Puis à l'autre file je dis 8 & 7 font
15 , & 1 font 16 , & 8 font 24 , qui ôtés de 26
que j'efface , laiſſent 2 c'eſt à dire 2 ß , qui font
24 ₰ , & qui ajoutés à la ſomme de 5 ₰ que j'efface , font 29 ₰ que j'écris. Puis je dis 4 & 8 font
12 , & 6 font 18 , & 11 font 29 , qui ôtés de 29
que j'efface , ne laiſſent rien , & font voir que
la regle eſt bonne.

3	9	2 ᵗᵗ	8 ß	4 ₰
5	4	8 ᵗᵗ	17 ß	8 ₰
9	6	5 ᵗᵗ	11 ß	6 ₰
8	7	6 ᵗᵗ	18 ß	11 ₰
2	7 8	3 ᵗᵗ	16 ß	9 8 ₰
2	2	2 ᵗᵗ	8 6 ß	2 9
			2 2	

CHAPITRE IX.

La Multiplication des nombres entiers.

LA Multiplication, ainsi que nous avons dit ci-devant, est l'invention d'un nombre qui contienne autant de fois un des deux nombres donnés à multiplier, qu'il y a d'unités dans l'autre. Comme si l'on multiplie 4 par 3 il provient 12, qui contient autant de fois 4 qu'il y a d'unités dans 3, & autant de fois 3 qu'il y a d'unités dans 4. Et ce nombre 12 s'appelle *le produit* de la multiplication de 3 par 4, ou de 4 par 3.

La Multiplication des Nombres singuliers se fait en cette maniere. Mettés les nombres qu'il faut multiplier l'un sur l'autre, & tirés une ligne au dessous; puis mettés à côté de chacun d'eux leur difference jusqu'à 10, & menés deux lignes en croix S. André qui joignent chaque nombre à la difference de l'autre. Ensuite multipliés les deux differences ensemble & posés leur produit sous la ligne au siege des unités, retenant 1, si ce produit va jusqu'à 10. Aprés quoy il faut souftraire d'un des nombres proposés, quel qu'il soit, la difference de l'autre : (Car ce qui vient de cette Souftraction est toujours êgal;) & poser le reste sous la ligne au siege des dixai-

L ij

nes, y ajoutant 1 s'il a été retenu dans la multiplication des differences. Et par ce moyen vous
avés un nombre égal au produit de la multiplication des deux proposés.

Comme si vous voulés multiplier
8 par 7 , il faut les mettre l'un sous
l'autre en cette maniere, & tirer une
ligne au dessous ; puis il faut dire
qui de 10 ôte 8 reste 2 qu'il faut
écrire à côté de 8 : Ainsi qui de 10 ôte 7 reste
3 qu'il faut aussi mettre à côté de 7 : & tirer deux lignes en croix S. André qui joignent
les nombres avec les differences reciproques ,
c'est à dire le nombre 8 avec 3 & 7 avec 2.
Aprés quoy multipliant les differences il faut
dire 3 fois 2 font 6 , & poser 6 sous la ligne
au siege des unités ; & enfin soustraire les differences des nombres reciproques en disant qui
de 8 ôte 3 , ou qui de 7 ôte 2 , reste toûjours
5 qu'il faut poser sous la ligne au siege des
dixaines. Et l'on a par ce moyen 56 , qui est le
produit de la multiplication de 8 par 7.

Ainsi pour multiplier ces deux autres 6 & 7 ,
je les pose de cette sorte l'un sur
l'autre , & ayant tiré la ligne au
dessous, je dis qui de 10 ôte 6 reste
4 que je pose à côté de 6 ; & qui
de 10 ôte 7 reste 3 que je mets aussi
à côté de 7 : Et ayant fait la croix

S. André , je dis 3 fois 4 font 12 , & je pofe 2
fous la ligne & retiens 1 : puis je dis qui de 6
ôte 3 , ou qui de 7 ôte 4 , (car c'eft toûjours
la même chofe) il refte 3 & 1 que j'ay retenu font
4 , que je pofe fous la ligne au fiege des dixaines ; & je trouve 42 pour le produit des deux
nombres 6 & 7 multipliés l'un par l'autre.

Au refte , quoy que cette petite regle foit
demonftrative & ingenieufe , il eft pourtant
bien plus à propos à ceux qui veulent fe rendre familieres les pratiques d'Arithmetique, de
s'acoutumer non feulement, à conoître d'abord
comme nous avons dit cy-devant , ce que font
deux nombres finguliers ajoutés enfemble, mais
même quel eft le produit de leur multiplication, afin de pouvoir dire fans hefiter que 8
fois 7 font 56 : que 7 fois 9 font 63 : que 9
fois 9 font 81 : & ainfi des autres.

A quoy la table fuivante peut contribuer
beaucoup fi l'on veut fe donner la peine de la
bien étudier. Voici comme elle eft faite. Elle
eft compofée de neuf rangs de la droite à la
gauche, & neuf files de haut en bas.

Dans le premier rang en haut de la gauche
à la droite & dans la premiere file à gauche de
haut en bas, fe trouvent tous les nombres dans
leur ordre naturel depuis 1 jufqu'à 9. Ainfi dans
le fecond rang & la feconde file fe trovent les
nombres qui fe furpaffent de deux en deux.

L iij

1	2	3	4	5	6	7	8	9
2	4	6	8	10	12	14	16	18
3	6	9	12	15	18	21	24	27
4	8	12	16	20	24	28	32	36
5	10	15	20	25	30	35	40	45
6	12	18	24	30	36	42	48	54
7	14	21	28	35	42	49	56	63
8	16	24	32	40	48	56	64	72
9	18	27	36	45	54	63	72	81

Dans le troisiême rang & la troisiême file ils
font de trois en trois ; puis de 4 en 4 ; de 5 en 5 ;
de 6 en 6 ; & de 7 en 7 ; de 8 en 8 ; & enfin de
9 en 9 dans le dernier rang & la derniere file.
Il y a des lignes qui feparent les rangs & les
files, & tous les nombres fe trouvent enfermés
dans des Cellules ou des petits quarrés, lefquels
marquent quel eft le produit de deux nombres,
dont l'un eft dans le premier rang , & l'autre
dans la premiere file du petit quarré.

Comme pour fçavoir ce que font 8 fois 7 :
Je n'ay qu'à chercher la Cellule ou la huitiéme
file coupe le feptiême rang , & j'y trouve le
nombre 56 qui eft celui que je demande : Que
je trouveray encore dans la cellule ou la feptiême file coupe le huitiéme rang. Ainfi je trou-

ve que 7 fois 6 font 42 dans la cellule ou la sixiéme file coupe le septiéme rang , & dans celle ou la septiéme file coupe le sixiéme rang. Et 63 est le produit de 9 par 7 qui se rencontre dans le petit quarré où la neuviéme file coupe le septiéme rang , & où la septiéme file coupe le neuviéme rang. Et 64 est le produit de 8 par 8, parce qu'il est dans la cellule qui est commune au huitiéme rang & à la huitiéme file. Et ainsi des autres.

Pour multiplier un nombre de plusieurs caracteres par un nombre singulier, il faut mettre celui-ci sous les unités du plus grand nombre & tirer une ligne au dessous : puis multiplier les unités du plus grand par le nombre multiplicateur, & poser le produit sous la ligne , en retenant autant d'unités qu'il y a de dixaines ; puis multiplier les dixaines du plus grand par le même multiplicateur, & ajoutant à leur produit ce qui a été retenu , poser leur somme sous la ligne au siege des dixaines , & retenir autant d'unités qu'il y a de dixaines ; Ainsi il faut multiplier les centaines par le même & ajoutant au produit ce qui a été retenu, le poser sous la ligne au siege des centaines ; Et faire ainsi de suite jusqu'au dernier. Aprés quoy il faut sous la ligne écrire le nombre des unités retenues pour les dixaines du produit du nombre precedent. Et par ce moyen l'on aura le produit du grand nombre proposé multiplié par un nombre singulier.

Comme si l'on veut multi-plier quatre vints dix mille trois cens quarante deux par 7 : il faut disposer le multi-pliant 7 sous les unités de l'autre, & tirer une ligne au dessous. Aprés quoy commençant par les unités du plus grand , je dis 7 fois 2 font 14 , & je pose 4 & retiens 1 ; Puis passant aux dixaines, qu'il faut aussi multi-plier par le même multiplicateur , je dis 7 fois 4 font 28 & 1 que j'ay retenu font 29 , & je pose 9 & retiens 2. Ainsi je viens aux centaines , & je dis 7 fois 3 font 21 , & 2 que j'ay retenus font 23 , & je pose 3 & retiens 2. Puis au siege suivant je dis 7 fois 0 font 0 & 2 que j'ay rete-nus font 2 , & je pose 2. Ainsi je dis 7 fois 9 font 63 , & je pose 3 & retiens 6 ; que je pose aussi dans le dernier siege sous la ligne , parce que la multiplication est achevée : Et je trouve 632394 pour le produit des deux nombres pro-posés, multipliés l'un par l'autre.

L'on multiplie les nombres de plusieurs ca-racteres en cette maniere. Mettés le plus grand sur le moindre, ensorte que les chiffres de mê-me siege se repondent l'un à l'autre, comme les unités aux unités, les dixaines aux dixaines &c. & tirés une ligne. Aprés quoy multipliés tous

les

$$
\begin{array}{cccccc}
9 & 0 & 3 & 4 & 2 \\
 & & & & 7 \\
\hline
6 & 3 & 2 & 3 & 9 & 4 \\
\end{array}
$$

les caracteres de la somme à multiplier l'un
aprés l'autre par chacun de ceux du nombre
multiplicateur , & mettés les sommes des produits au dessous de la ligne, en tel ordre que les
unités de chacune repondent au siege du caractere multipliant. Puis ayant tiré une autre ligne
au dessous, ajoutés tous ces produits ensemble ,
& posés leur somme sous la derniere ligne; qui
sera le produit des deux nombres proposés à
multiplier.

Comme pour multiplier huit
mille sept cens quatre vints
quinze , par quatre vints six;
il faut mettre le plus grand
nombre sur le petit en cette
sorte, & tirer une ligne. Aprés
quoy pour multiplier le premier nombre par le premier

$$8\ 7\ 9\ 5$$
$$8\ 6$$
$$\overline{}$$
$$5\ 2\ 7\ 7\ 0$$
$$7\ 0\ 3\ 6\ 0$$
$$\overline{}$$
$$7\ 5\ 6\ 3\ 7\ 0$$

caractere du plus petit ; je dis 6 fois 5 font
30 , & je pose o sous la ligne & retiens 3 ;
puis 6 fois 9 font 54 & 3 que j'ay retenus
font 57 , je pose 7 & retiens 5 ; puis 6 fois
7 font 42 & 5 retenus font 47 , je pose 7 &
retiens 4 ; & enfin 6 fois 8 font 48 & 4 retenus font 52 , & je pose 2 & retiens 5 , que
je pose aussi dans le siege suivant. De la je passe à la multiplication des nombres de la premiere somme par le second caractere du plus
petit ; & je dis 8 fois 5 font 40 , & je pose o

M

au deſſous & au même ſiege où   8 7 9 5
eſt le multipliant 8 & je retiens   8 6
4 ; puis je dis 8 fois 9 font 72
& 4 retenus font 76, & je poſe   5 2 7 7 0
6 & retiens 7 ; puis 8 fois 7   7 0 3 6 0
font 56 & 7 retenus font 63,
& je poſe 3 & retiens 6 ; & en-   7 5 6 3 7 0
fin 8 fois 8 font 64 & 6 rete-
nus font 70 , & je poſe 0 & retiens 7 , que je
poſe auſſi dans le ſiege ſuivant. Aprés quoy
ayant tiré une ligne au deſſous de ces produits,
je les ajoute l'un avec l'autre , en diſant 0 fait 0,
& je poſe 0 ſous la ligne ; puis 7 & 0 font 7, &
je poſe 7 ; puis 7 & 6 font 13, & je poſe 3 & retiens 1 ; puis 1 & 2 font 3 & 3 font 6, & je poſe
6 ; puis 5 & 0 font 5, & je poſe 5; & enfin 7 &
rien font 7, & je poſe 7 ; & j'ay par ce moyen
la ſomme ſept cens cinquante ſix mille trois
cens ſeptante pour le produit des deux ſommes propoſées multipliées l'une par l'autre.

Ainſi pour multi-   2 3 0 4 8
plier vingt trois mille
quarante huit, par ſept   7 4 2
cens quarante deux ;
je poſe le plus grand   4 6 0 9 6
nombre ſur le petit en   9 2 1 9 2
cette ſorte,& je tire une   1 6 1 3 3 6
ligne au deſſous. Aprés
quoy pour multiplier la   1 7 1 0 1 6 1 6

somme de deſſus par le premier chiffre de deſſous ; je dis 2 fois 8 ſont 16 , je poſe 6 & retiens 1 ; puis 2 fois 4 font 8 & 1 retenu font 9 , & je poſe 9 ; puis 2 fois o fait o , & je poſe o ; puis 2 fois 3 font 6, & je poſe 6, & enfin 2 fois 2 font 4, & je poſe 4. Enſuite pour multiplier la même ſomme de deſſus par le ſecond chiffre de celle de deſſous ; je dis 4 fois 8 font 32, je poſe 2 au ſiege du multiplicateur 4, & je retiens 3 ; puis 4 fois 4 font 16 & 3 retenus font 19, je poſe 9 & retiens 1 ; puis je dis 4 fois o font o & 1 de retenu font 1 , & je poſe 1 ; puis je dis 4 fois 3 font 12 , je poſe 2 & retiens 1 ; enfin 4 fois 2 font 8 & 1 de retenu font 9 , & je poſe 9 ; & j'ay parce moyen achevé la multiplication du ſecond nombre. De la je paſſe au troiſième nombre du multiplicateur ; & je dis 7 fois 8 ſont 56 , je poſe 6 au ſiege du même multipliant 7 & je retiens 5 ; puis 7 fois 4 font 28 & 5 retenus font 33, je poſe 3 & retiens 3 ; Puis 7 fois o fait o & 3 retenus font 3, je poſe 3 ; puis 7 fois 3 font 21, je poſe 1 & retiens 2 ; Et enfin ſept fois 2 font 14 & 2 retenus font 16 , je poſe 6 & retiens 1, que je poſe auſſi dans le ſiege ſuivant, parce qu'il n'y a plus de chiffres à multiplier. Et par ce moyen j'acheve la multiplication par le troiſiéme nombre : Qu'il faudroit continuer en la même maniere s'il y avoit encore d'autres chiffres au multiplicateur. Aprés quoy il faut tirer une ligne & ajouter tous ces produits enſem-

ble dont la somme , qu'il faut écrire sous la
ligne comme il s'est fait en la regle de l'Addition sera celle que l'on
cherche. Ainsi dans
cet exemple , je dis 6
& rien fait 6 , & je
pose 6 sous la derniere
ligne ; puis 9 & 2 font
11, je pose 1 & retiens
1; puis 1 & 0 font 1,
& 9 font 10, & 6 font
16, je pose 6 & retiens

		2	3	0	4	8
				7	4	3
		4	6	0	9	6
	9	2	1	9	2	
1	6	1	3	3	6	
1	7	1	0	1	6	1	6

1; puis 1 & 6 font 7, & 1 font 8, & 3 font 11, je
je pose 1 & retiens 1 ; puis 1 & 4 font 5, & 2
font 7, & 3 font 10, je pose 0 & retiens 1; puis
1 & 9 font 10, & 1 font 11 , je pose 1 & retiens
1; puis 1 & 6 font 7, je pose 7 , Et enfin 1 &
rien fait 1 , & je pose 1. Et j'ay par ce moyen
la somme de dix sept millions cent un mille six
cens seize , pour le produit de la multiplication des deux nombres donnés , lequel contient
autant de fois l'un des deux qu'il y a d'unités
dans l'autre.

Pour mieux faire comprendre cette regle je
raporteray encore cet exemple dans lequel il
faut multiplier soixante dixhuit mille neuf cens
soixante quatre , par dix neuf cens quatre vints
sept. Aprés avoir placé la plus grande somme
sur la moindre & tiré la ligne, je dis 7 fois 4 font

28, & je pose 8 au sie-
ge du nombre multi-
pliant, & retiens 2 : puis
7 fois 6 font 42 & 2 re-
tenus font 44, je pose
4 & retiens 4 ; puis 7
fois 9 font 63 & 4 font
67, je pose 7 & retiens
6 ; puis 7 fois 8 font
56 & 6 font 62 , je


```
        7 8 9 6 4
          1 9 8 7
        ___________

        5 5 2 7 4 8
      6 3 1 7 1 2
    7 1 0 6 7 6
    7 8 9 6 4
    _______________
  1 5 6 9 0 1 4 6 8
```

pose 2 & retiens 6 ; puis 7 fois 7 font 49
& 6 font 55, je pose 5 & retiens 5 ; que je pose
aussi dans le siege suivant. Ensuitte je viens à
la multiplication par le second nombre du multipliant , & je dis 8 fois 4 font 32 , je pose 2
sous le multiplicateur 8 , & je retiens 3 ; puis
8 fois 6 font 48 & 3 font 51, je pose 1 & retiens
5 ; puis 8 fois 9 font 72 & 5 font 77 , je pose
7 & retiens 7 ; puis 8 fois 8 font 64 & 7 font
71, je pose 1 & retiens 7 ; puis 8 fois 7 font 56
& 7 font 63 , je pose 3 & retiens 6 , que je pose
aussi dans l'autre siege. Ainsi pour faire la multiplication par le troisiéme chiffre du multipliant, je dis 9 fois 4 font 36, je pose 6 au dessous du caractere multiplicateur 9, & je retiens
3 ; puis 9 fois 6 font 54 & 3 font 57, je pose
7 & retiens 5 ; puis 9 fois 9 font 81 & 5
font 86, je pose 6 & retiens 8 ; puis 9 fois 8 font
72 & 8, font 80 je pose 0, & retiens 8 ; puis 9

```
        7 8 9 6 4
          1 9 8 7
      ─────────────
        5 5 2 7 4 8
      6 3 1 7 1 2
    7 1 0 6 7 6
    7 8 9 6 4
  ─────────────────
  1 5 6 9 0 1 4 6 8
```

fois 7 font 63 & 8 font 71, je pose 1 & retiens 7, que je pose aussi dans le siege suivant. Enfin pour achever la multiplication par le dernier chiffre du multipliant 1, je dis une fois 4 fait 4, & je pose 4 sous le multipliant 1; puis une fois 6 fait 6 , je pose 6; puis une fois 9 fait 9, je pose 9 ; puis 1 fois 8 fait 8, je pose 8 ; & enfin une fois 7 fait 7, je pose sept. Ainsi j'ay quatre sommes, qui sont les produits de la somme à multiplier par chacun des chiffres du multipliant. De sorte qu'aprés avoir tiré une ligne au dessous, il ne me reste plus qu'à les ajouter en une, suivant les sieges ou leurs nombres se trouvent ; en disant 8 & rien font 8, & je pose 8 ; puis 4 & 2 font 6, & je pose 6 ; puis 7 & 1 font 8, & 6 font 14 , je pose 4 & retiens 1 ; puis 1 & 2 font 3, & 7 font 10 & 7 font 17 , & 4 font 21 , je pose 1 & retiens 2 ; puis 2 & 5 font 7, & 1 font 8 , & 6 font 14 , & 6 font 20 , je pose 0 & retiens 2 ; puis 2 & 5 font 7, & 3 font 10, & 0 font 10, & 9 font 19, je pose 9 & retiens 1 ; puis 1 & 6 font 7, & 1 font 8, & 8 font 16, je pose 6 & retiens 1 ; puis 1 & 7 font 8, & 7 font 15 , je pose 5 & re

tiens 1 , que je pose aussi dans le siege suivant.
Et j'ay par ce moyen la somme de cent cinquante six millions neuf cens & un mille quatre
cens soixante huit , pour le produit de la multiplication des deux nombres donnés.

La Multiplication des sommes où il y a des
livres, des sols & des deniers , & leur division,
ne se fait comodement qu'après les avoir reduites en leur plus petite espece. Ce qui sera
mieux expliqué dans la suite.

Liv I.
Chap. IX.
Multiplica-
tion des nom-
bres entiers.

CHAPITRE X.

La Division des nombres entiers.

L A Division , est l'invention d'un nombre,
qui contienne autant d'unités , que le diviseur est contenu de fois dans celui qui est
divisé. Ainsi divisant 12 par 3 l'on trouve 4 ,
qui contient autant d'unités que le diviseur 3
est contenu de fois dans le divisé 12. Et ce nombre , qui vient de la division d'un nombre par
un autre, s'appelle le *Quotient* de la Division ;
Et des deux donnés celui qui divise s'appelle le
Diviseur, & l'autre se nomme *Divisé*.

Si le Diviseur est nombre singulier ou d'un
seul caractere, voici comme il faut faire. Ayant
écrit le nombre qui doit être divisé, tirés deux
lignes, l'une au dessous & une autre de haut en

Chap. X.
Division des
nombres en-
tiers.

bas à main droitte. Puis mettés le diviſeur ſous la ligne , (non pas enſorte que les chiffres de même eſpece ſe repondent c'eſt à dire les unités aux unités, & les dixaines aux dixaines, comme il s'eſt fait aux regles precedentes ,) mais bien au deſſous du dernier caractere de main gauche du diviſé , ſi ce caractere n'eſt pas moindre que le diviſeur ; car êtant moindre, il faudroit poſer le diviſeur au deſſous du penultiéme. Enſuite autant de fois que le diviſeur eſt contenu dans les caracteres du diviſé qui lui repondent, po-ſés autant d'unités au Quotient, qu'il faut êcri-re au dela de la ligne tirée à côté. Puis ayant multiplié le diviſeur par le caractere écrit au quotient , ôtés - en le produit des nombres du diviſé qui ſont au deſſus du diviſeur , écrivant au deſſus de chacun d'eux , ce qui reſte de la Souſtraction & effaçant les caracteres à meſure , tant ceux de qui la Souſtraction a eſté faite , que de ceux du diviſeur, par de petites lignes ti-rée au travers de chacun d'eux. Cela êtant fait il faut avancer le diviſeur d'un ſiege vers la main droite, & mettant autant d'unités au quo-tient à la droite du nombre dêja poſé , que le diviſeur eſt contenu de fois dans les nombres du diviſé qui lui repondent, ou même un o ſi ces nombres ſe trouvoient moindres que le diviſeur ; il faut multiplier le diviſeur par ce dernier caractere du quotient, & faire la Sou-

ſtraction

ſtraction de leur produit des nombres du diviſé qui repondent au diviſeur , écrivant au
deſſus ce qui reſte de la Souſtraction s'il y en a,
& effaçant les caracteres du diviſeur & du diviſé ſur leſquels l'operation a êté faite. Ainſi
avançant le diviſeur d'un ſiege à droite, à toutes les operations ; il faut faire toûjours la même choſe, juſqu'à ce que le diviſeur ſoit parvenu au premier caractere du diviſé, c'eſt à dire
à ſes unités : car c'eſt là que finit la derniere operation de la diviſion ; dont le quotient
marquera par le nombre des unités, combien de
fois le diviſeur eſt contenu dans le diviſé, & pre-
ciſement s'il n'y a rien de reſte aprés la derniere operation. Car s'il reſte quelque choſe de
la Souſtraction, ce ſera l'exces dont le diviſé
ſurpaſſe un autre nombre, qui contient preci-
ſement le diviſeur autant de fois qu'il y a d'u-
nités dans le Quotient. Lors que l'on veut avoir
une diviſion entiere & complette du diviſé par
le diviſeur, l'on joint au quotient une fraction,
compoſée de deux nombres mis l'un ſur l'autre & ſeparés d'une petite ligne , dont le nombre de deſſus eſt le reſte de la derniere Souſtraction , lequel eſt toûjours moindre que le diviſeur, & le diviſeur eſt celui de deſſous. Mais
il en ſera plus amplement traité dans la ſuite.

Comme pour diviſer ſept cens cinquante
trois, par trois ; je tire premierement une ligne

N

sous le nombre à diviser, & une autre à côté de main droite en cette
maniere; aprés quoy je place le diviseur 3 sous le 7 qui est le premier caractere
du divisé à main gauche ; & je dis 3 en 7 est
deux fois , je pose 2 au quo-
tient aprés la ligne de côté, &
multipliant le diviseur 3 par le
quotient , je dis 2 fois 3 , que
j'efface en parlant , font 6 , & 6
ôté de 7 du divisé que j'efface,
reste 1 , que j'écris au dessus. Cela fait j'avance
le diviseur 3 d'un siege vers la main droite, lequel par consequent à le nombre 15 qui luy
repond ; Ainsi je dis 3 en 15
est 5 fois, & je pose 5 au quotient à la droite du caractere
2 que j'y ay déja mis ; puis
multipliant le diviseur par le
dernier quotient, je dis 5 fois 3 , que j'efface en parlant, font 15 , & 5 de 5 du divisé que j'efface ne reste
rien & retiens 1 , & 1 de 1 du divisé que j'efface il
ne reste rien. Et enfin je pose le diviseur au
siege suivant à droite sous ce-
lui des unités du divisé : puis
je dis 3 en 3 est une fois & je
pose 1 au quotient à la droite de ce qui y est déja mis ; Et
je dis une fois 3 que j'efface, est 3 , qui ôtés de 3

du divifé, que j'efface, ne refte
rien. Et par ce moyen toute la
divifion étant achevée je trouve au quotient, la fomme de
deux cens cinquante un, qui
marque que le divifeur 3 eft
contenu 251 fois dans le divifé 753. C'eft à dire
que cette fomme étant partagée à 3 hommes il
y auroit 251 pour chacun.

Soit maintenant la fom-
me de vint fept mille quatre cens trente huit à divi-
fer par 7. Aprés avoir tiré les deux lignes au-
tour de la fomme à divifer, je place le divifeur
7, non pas fous le premier caractere du divifé
à main gauche qui eft 2, (par ce qu'il eft
moindre que le divifeur 7,) mais à l'autre fiege
à droite ; afin qu'il ait deux
caracteres au deffus de lui :
puis je dis 7 en 27 eft 3 fois,
& je pofe 3 au quotient ;
aprés quoi je dis 3 fois 7, que
j'efface en parlant, font 21, & 1 de 7 du divifé, que
j'efface, refte 6 que je pofe au deffus du 7 du divifé, & retiens 2, & 2 de 2 du divifé que j'efface,
ne refte rien. Cette opera-
tion étant faite j'avance
le divifeur au fiege pro-
chain, & parce qu'il a 64

Liv. I. Chap. X. Division des nombres entiers.

au dessus de lui, je dis 7 en 64 est 9 fois & je pose 9 au quotient ; puis je dis 9 fois 7 que j'efface font 63, & 3 de 4 du divisé que j'efface reste 1, que j'écris au dessus, & retiens 6, & 6 de 6 du divisé que j'efface, ne reste rien.

6̸ 1
2̸ 7̸ 4̸ 3 8 (39
7̸ 7̸

Ainsi aprés cette operation j'avance le diviseur d'un siege à la droite, & je dis 7 en 13 est une fois, & je pose 1 au quotient à la droite des autres nombres, & je dis 1 fois 7 que j'efface est 7, qui ne pouvant être ôté de 3 qui lui repondent je dis 7 de 10 restent 3 & 3 du divisé que j'efface sont 6, que j'écris au dessus & retiens 1, & 1 de 1 du divisé que j'efface, ne reste rien.

6̸ 1̸ 6
2̸ 7̸ 4̸ 3̸ 8 (391
7̸ 7̸ 7̸

Enfin j'avance le diviseur encore d'un siege à droite qui se trouve être celui des unités du divisé : & comme le diviseur à sur lui 68, je dis 7 en 68 est 9 fois, je pose 9 au quotient ; aprés quoy je dis 9 fois 7 que j'efface au diviseur font 63, & 3 de 8 du divisé que j'efface restent 5 que je pose dessus, & retiens 6 ; & 6 de 6 du divisé que j'efface, ne reste rien. Et par ce moyen j'ay cinq de

6̸ 1̸ 6̸ (5
2̸ 7̸ 4̸ 3̸ 8̸ (3919
7̸ 7̸ 7̸ 7̸

reſte au diviſé aprés la derniere Souſtraction,
& trois mille neuf cens dix neuf au quotient,
qui marquent que le diviſé ſurpaſſe de 5 un
nombre qui contiendroit le diviſeur preciſe-
ment 3919 fois. Et pour avoir une diviſion
complette, il faudroit faire une fraction de ce
reſte, pour la joindre au quotient en cette maniere $\frac{5}{7}$, qui eſt compoſée de deux nombres ſeparés par une petite ligne, dont le ſuperieur eſt
ce qui reſte aprés la derniere Souſtraction, &
l'autre eſt êgal au diviſeur.

Lors que le Diviſeur à pluſieurs caracteres,
aprés avoir poſé celui qui eſt à diviſer entre ſes
lignes, comme nous venons de dire; il faut mettre le premier caractere de main gauche du diviſeur, ſous le premier de même main du diviſé & les autres caracteres de ſuite, ſi ceux de
deſſus en nombre égal ne font pas une ſomme
moindre que ceux de deſſous; Car en ce cas il
faudroit mettre le premier de main gauche du
diviſeur, ſous le ſecond du diviſé & poſer le
reſte enſuite. Aprés quoy il faut voir combien
de fois le premier nombre du diviſeur eſt contenu dans celui ou ceux du diviſé qui lui repondent, & en retenir le nombre pour en multiplier toute la ſomme du Diviſeur avant que
de l'écrire au quotient : Car ſi le produit ſe
trouvoit plus grand que la ſomme des nombres
du diviſé qui repondent à celle du diviſeur, il

N iij

faudroit prendre une autre multiplicateur moindre de 1 que celui-la ; Et multipliant par lui tout
le diviseur , le poser au Quotient si le produit
n'est pas plus grand que la somme des nombres du divisé repondans au diviseur. Autrement il faudra toûjours diminuer le même
nombre un à un , jusqu'à ce que vous ayés un
quotient qui multipliant le diviseur fasse un
produit que l'on puisse soustraire des nombres
du divisé , qui sont au dessus du diviseur : Et
ce quotient étant écrit à côté de la ligne , & la
multiplication étant faite & la Soustraction du
produit , il faut écrire au dessus des chiffres du
divisé ce qui reste de la Soustraction , aprés
avoir effacé tous les caracteres du diviseur à
mesure qu'ils sont multipliés , & tous ceux du
divisé à mesure que la Soustraction s'en fait.
Aprés quoy il faut avancer chacun des chiffres
du diviseur d'un siege à droite , & voir combien de fois le premier du diviseur est contenu
de fois dans ceux du divisé qui lui répondent,
pour trouver un nombre à mettre au quotient ,
qui multipliant le diviseur , fasse un produit
qui puisse être ôté des chiffres du divisé , &
faire la Soustraction comme nous venons de
dire. Puis avancer tout le diviseur de siege en
siege à la droite jusqu'à ce que les unités du diviseur se trouvant sous celles du divisé , l'on soit
parvenu à la derniere operation de la division.

Où il est à remarquer que lorsque la somme des
nombres qui repondent au diviseur est moindre
que le même diviseur, il faut metre un o au quotient, & effaçant tous les caracteres du diviseur,
les avancer d'un siege & continuer les operations.
A prés lesquelles vous aurés au quotient le nombre
que vous demandés ; auquel il faudra ajouter une
fraction dont le nombre de dessus soit le reste de
la derniere Soustraction & celui de dessous soit
le diviseur.

Comme pour diviser
la somme de cinq cens
quarante trois mille deux
cens soixante onze, par

```
5 4 3 2 7 1 (
―――――――――
2 5 4
```

deux cens cinquante quatre. Aprés avoir tiré
une ligne dessous & une autre à côté droit de
la somme à diviser, je pose le premier caractere de main gauche du diviseur 2 sous le
premier du divisé & les autres de suite, parce
que la somme de 543 n'est pas moindre que
celle du diviseur 254 qui lui repond au dessous.
Cela fait je dis 2 en 5 y est deux fois & je retiens 2, par lequel je
multiplie tout le divi-
seur avant que de l'é-
crire au quotient, en di-
sant 2 fois 4 font 8, qui

```
        3 5
8 4 3 2 7 1 (2
2 8 4
```

ne pouvant pas être ôté de 3 qui lui repondent
sans emprunter 1 sur le siege suivant, je dis &

retiens 1 ; puis 2 fois 5
font 10 & 1 retenu font
11 qui ne pouvant point
être ôtés de 4 qui leur re-
pondent sans emprunter 1 sur l'autre siege, je dis
encore, & retiens 1 ; Puis 2 fois 2 font 4 & 1 retenu
font 5, qui pouvant être souftraits de 5 du divisé ,
je pose 2 au quotient.
Puis je dis 2 fois 4 que
j'efface en parlant, font 8
qui ôtés de 10 , reste 2 &
3 du divisé que j'efface
font 5, que je pose sur le
3 & retiens 1 , que j'ay supofé emprunter sur le
siege suivant : Puis 2 fois 5 , que j'efface, font 10
& 1 retenu font 11 , & 1 de 4 du divisé que
j'efface reste 3, que j'écris sur le 4 & retiens 1
pour la dixaine du nombre 11 : Puis 2 fois 2 que
j'efface font 4 & 1 retenu font 5 , qui ôtés de 5
du divisé que j'efface ne reste rien. Et la premiere operation se trouve ainsi faite. Enfuite
j'avance le diviseur entier d'un siege à la droite,
& je dis 2 en 3 est une
fois , qui peut être mis
au Quotient , parce que
la somme de 352, qui est
au dessus du diviseur
n'est pas moindre que
lui. Ainsi je pose 1 au

quotient

quotient, & je dis une fois 4 que j'efface est 4,
qui ne pouvant pas être ôté de 2 qui lui repond sans emprunter 1 du siege suivant, je dis
& 4 de 10 reste 6 , & 2 du divisé que j'efface
sont 8 que j'écris sur le 2 & retiens 1 pour l'emprunté. Puis une fois 5 que j'efface est 5 , & 1
retenu sont 6, qui ne pouvant encore être ôté
du 5 de dessus sans emprunter 1 ; je dis & 6 de
10 reste 4 & 5 du divisé que j'efface font 9, que
j'écris sur le 5 & retiens 1. Puis une fois 2 que
j'efface est 2 , & 1 retenu sont 3 , & 3 de 3 du
divisé que j'efface ne reste rien. Et la seconde
operation est ainsi achevée. Aprés quoy j'a-
vance le diviseur entier

d'un siege , & je dis 2
en 9 qui lui repond au
dessus est 4 fois, que je
n'écris pas au quotient
sans avoir examiné s'il
y doit être , en disant
4 fois 4 font 16 , qui
ne pouvant pas être

```
            9
      3 8 8
   8 4 3 2 7 1 ( 21
   ─────────────────
   2 8 4 4 4
     2 8 5
       2
```

ôtés du caractere 7 qui est sur le 4 sans emprunter 1 je retiens 1 ; puis 4 fois 5 font 20, &
1 font 21, & retiens 2 qu'il faut emprunter pour
ôter 21 du caractere 8 qui est sur le 5 ; Puis 4
fois 2 font 8 , & 2 retenus font 10, qui étant
plus grand que 9 qui repondent sur 2, fait voir
que 4 est plus grand qu'il ne faut pour être mis au

O

quotient. Et pour cet effet je prends 3 que j'examine, comme le precedent, avant que de l'écrire
au quotient en disant 3 fois 4 font 12 & retiens
1, puis 3 fois 5 font 15 & 1 retenu font 16 & retiens 1 ; puis 3 fois 2 font 6 & 1 font 7 ; qui
êtant moindre que 9 du divisé qui est sur le
2 du diviseur, fait voir que ce nombre 3 peut-
être mis au Quotient. Ainsi je pose 3 au quotient & je dis 3 fois 4 que j'efface font 12,
& 2 de 7 du divisé
que j'efface reste 5 que
j'êcris sur le 7 & re-
tiens 1 ; puis 3 fois 5
que j'efface font 15,
& 1 retenu font 16 ;
& 6 de 8 du divisé
que j'efface reste 2,
que j'êcris sur le 8 & retiens 1 ; Puis 3 fois 2
que j'efface font 6 & 1

```
            2
            9  2
        3   5  8  5
    8   4   3  2  7  1 ( 213
    ─────────────────────────
    2   5   4  4  4
        2   8  8
            2
```

retenu font 7, & 7 de 9 du divisé que j'efface,
reste 2, que j'écris sur le 9. Et ma troisième
operation se trouve par ce moyen achevée. Ainsi
avançant le diviseur entier d'un siege à main
droite, parce que 2 en 22 qui lui repondent
est 9 fois ; pour l'examiner avant que de l'écrire
au quotient, je dis 9 fois 4 font 36 & retiens 4
(parce que 36 ne peuvent pas être ôtés de 1
du divisé qui repond au 4 , sans emprunter 4

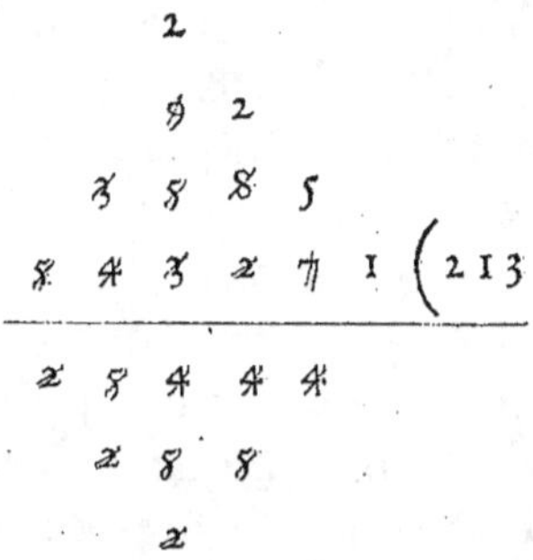

fur le fiege fuivant :)
puis 9 fois 5 font 45
& 4 retenus font 49
& retiens 5 pour la
même raifon ; puis 9
fois 2 font 18 & 5 re-
tenus font 23 qui fe
trouvent plus grands
que les 22 qui repon-
dent au 2 du divifeur.

Ainfi il faut prendre un nombre moindre que
9 c'eft à dire 8 , & l'examiner avant que de le
pofer au Quotient en difant 8 fois 4 font 32
& retiens 4 ; puis 8 fois 5 font 40 & 4 retenus,
font 44 & retiens encore 4 ; puis 8 fois 2 font
16 & 4 retenus font 20 ; qui pouvant être ôtés
des 22 du divifé , je pofe 8 au quotient, puis je

dis 8 fois 4, que j'ef-
face font 32 ; ôtés de
40 reftent 8 & 1 du
divifé que j'efface font
9, que je pofe fur 1 &
retiens 4 ; puis 8 fois
5 que j'efface font 40,
& 4 retenus font 44,
& 4 de 5 du divifé
que j'efface refte 1, que

j'écris fur le 5, & retiens 4. Puis 8 fois 2 que j'efface
font 16, & 4 retenus font 20, & 0 de 2 refte 2

O ij

que je laiſſe au diviſé, & retiens 2 ; & 2 de 2 dernier
nombre du diviſé que j'efface, ne reſte rien. Et par
ce moyen la diviſion étant achevée il reſte 219,
aprés la derniere ſouſtraction, & 2138 au quotient, auquel on peut ajouter cette fraction
$\frac{219}{254}$ ſi l'on veut une diviſion complette.

Voici encore un exemple de Diviſion que je
raporte pour en rendre l'O-
peration familiere. C'eſt de   1 8 0 1 4 3 (
diviſer dixhuit mille cent
quarante trois par cent no-   1 9 8
nante huit. Aprés avoir tiré
les lignes au deſſous & à côté du nombre à diviſer, je poſe le diviſeur, non pas ſous les premiers caracteres de l'autre à main gauche, parce qu'ils ſont moindres que ceux du diviſeur,
mais dans un ſiege plus avancé à la droite.
Puis je dis 1 en 18 eſt 9 fois que je retiens
pour examiner, en diſant 9 fois 8 font 72 & retiens 8, parce que ce nombre 72 ne peut pas être
ſouſtrait de 1 qui repond au 8 du diviſeur, ſi
l'on n'emprunte 8 ſur le ſiege ſuivant ; Puis 9
fois 9 font 81, & 8 retenus font 89 & retiens
9 pour la même raiſon ; Puis 9 fois 1 font 9,
& 9 retenus font 18, qui peuvent être ôtés de
18 du diviſé qui repondent au premier caractere
du diviſeur. Ainſi je poſe 9 au quotient, & je
dis 9 fois 8 que j'efface en parlant font 72, &
72 de 80 reſtent 8, & 1 du diviſé que j'efface

Liv. I.
Chap. X.
Division des
nombres en-
tiers.

font 9 · & j'écris 9 sur 1 , & retiens 8 ; puis 9
fois 9 que j'efface au diviseur font 81 & 8 retenus font 89 , & 89

de 90 reste 1 , que
je pose sur le o que
j'efface , & retiens 9 :
puis 9 fois 1 que j'ef-
face au diviseur font

9 , & 9 retenus font 18 , & 8 de 8 du divisé que j'efface ne reste rien & retiens 1 pour
la dixaine de 18 , & 1 de 1 du divisé que j'efface ne reste rien. Ainsi j'ay achevé ma premiere operation. Aprés
quoy j'avance le diviseur
d'un siege à droite , Et
parce que les chiffres
du divisé 194 , qui re-
pondent sur ceux du di-
viseur, font moindres que
le même diviseur 198 , je pose o au quotient &
j'efface tous les caracteres du diviseur. Ainsi
avançant le diviseur d'un
autre siege à droite , je
dis 1 en 19 qui lui repondent est 9 fois , & je retiens 9 pour l'examiner
en disant 9 fois 8 font
72 & retiens 7 , car il
ne faut emprunter que 7

O iij

dixaines pour souftraire 72 de 3 ; puis 9 fois 9
font 81, & 7 retenus font 88, & retiens 9 pour
la même raison ; puis 9 fois 1 font 9 & 9 retenus font 18. Qui n'étant pas plus grands que 19
qui repondent au premier chiffre du diviseur ;
je pose 9 au quotient &
je dis 9 fois 8, que j'efface au diviseur font 72,
& 2 de 3 que j'efface au
divisé reste 1 que j'écris
sur le 3 & retiens 7,
puis 9 fois 9 que j'ef-
face au diviseur font 81
& 7 retenus font 88, &

```
                    ( 1
        1   9   ( 6   1
  1  8  0   1   4 . 3 ( 909
  ─────────────────────
     1  9   8   8   8
     1  9   9
           1
```

88 de 90 reste 2 & 4 du divisé que j'efface font
6, & j'écris 6 sur le 4 & retiens 9 ; puis 9 fois 1
du diviseur que j'efface fait 9, & 9 retenus font
18, & 8 de 9 du divisé que j'efface reste 1 & je
pose 1 sur le 9 & retiens 1, & 1 de 1 du divisé
que j'efface ne reste rien. Ainsi j'ay 161 qui restent aprés la derniere souftraction, & 909 au
quotient de la division des deux nombres, au-
quel ajoutant la fraction $\frac{161}{198}$ l'on a la division
complette.

Au reste la preuve de la Division se fait par
la multiplication, comme celle de la multiplication par la division. Car si multipliant le quotient par le diviseur, l'on ajoute au produit ce
qui reste de la derniere souftraction s'il y en a ;

la somme doit être égale au nombre divisé , si l'o-
peration a été bien faite ; & c'est ainsi que l'on
prouve la division. Ainsi si je divise le produit
d'une multiplication par l'un des multiplians,
l'autre multipliant doit necessairement venir au
quotient ; Et c'est ainsi que l'on fait la preuve
de la multiplication.

L i v. I.
C h a p. X.
Division des
nombres en-
tiers.

CHAPITRE XI.

La Reduction des differentes especes de Monnoye.

CETTE Regle est une suitte des deux precedentes ; Car la reduction des grandes
especes en petites se fait par la multiplication,
& celle des petites aux grandes par la division.
C'est à dire , que pour reduire par exemple les
livres en sols il en faut multiplier la somme par
20 ; & pour reduire les sols en deniers , multiplier la somme des sols par 12. Au contraire
pour reduire les deniers en sols il en faut diviser la somme par 12 , & pour reduire les sols
en livres, diviser leur somme par 20.

C h a p. X I.
Reduction des
monnoyes.

    Ce n'est pas qu'il n'y ait quelques prati-
ques, qui facilitent ces operations , comme est
celle - ci.

    Pour reduire les livres en sols , ajoutés un o
au double de la somme des livres , & vous aurés celle des sols que vous cherchés. Ainsi pour

reduire cinq cens trente fix   5 3 6^{tt}
livres en fols , j'ajoute un o   ————————
au double de 536 , c'eſt à di-   1 0 7 2 0 ß
re à 1072 , & j'ay dix mille ſept cens vint fols
pour la ſomme que je demande. Ainſi pour reduire huit cens quatre vints
quinze livres en fols , je ne   8 9 5^{tt}
fais qu'ajouter o à 1790 dou- ————————
ble de la ſomme des livres,   1 7 9 0 0 ß
& j'ay dix ſept mille neuf cens fols.

   Pour reduire les fols en deniers, ajoutés le
double de la ſomme des fols à la même ſomme augmentée d'un o. Comme pour reduire
cinq cens quarante neuf fols
en deniers, je n'ay qu'à ajou-   5 4 9 ß
ter 1098 double de 549 à la ————————
même ſomme de 549 aug-   1 0 9 8
mentée d'un o, c'eſt à dire à   5 4 9 0
5490, & j'auray la ſomme de ————————
fix mille cinq cens quatre-   6 5 8 8 đ
vingts huit deniers égale à celle des fols propofée. Ainſi pour ſçavoir com-
bien il y a de deniers en   6 7 ß
foixante ſept fols , je prens ————————
134 double de 67 & je l'a-   1 3 4
joute à 670 pour avoir 804   6 7 0
qui eſt la ſomme des deniers ————————
que je demande.   8 0 4 đ

   Pour reduire en livres les Louïs d'or , ſuppoſé
qu'ils

qu'ils vaillent chacun 11^{tt} : Ajoutés leur somme à leur somme augmentée d'un o. Ainsi pour sçavoir combien il y a de livres en 1569 Louïs d'or, j'ajoute 1569, à 15690, & je trouve 17259 livres qui sont contenues dans la somme des Louïs d'or proposée. Ainsi 3958 Louïs d'or font 43538^{tt} en ajoutant 3958 à 39580.

$$1\ 5\ 6\ 9$$
$$1\ 5\ 6\ 9\ 0$$
$$\overline{1\ 7\ 2\ 5\ 9}^{tt}$$

La Reduction des sols en livres se fait facilement en cette maniere. Retranchés la derniere figure de la somme des sols & prenés la moitié du reste , & vous aurés la somme des livres que vous cherchés. Ainsi pour reduire 75480 sols en livres , je retranche la derniere figure qui est un o & je prens 3774 moitié du reste pour la somme des livres, égale à celle des sols proposée. Ainsi pour reduire 17873 sols en livres, je coupe la derniere figure à main droite qui est 3, & 893 moitié du reste 1787 est la somme des livres contenuë dans celle des sols; Il est vray que 1787 étant nombre impair , 893 est moindre que sa moitié, & il y a 1 de plus qui vaut 10 , lesquels joints aux 3 de la derniere figure retranchée , font voir que 17873 ß, valent 893^{tt} 13 ß. Et ainsi du reste.

$$7\ 5\ 4\ 8\ |\ 0\ ß$$
$$\overline{3\ 7\ 7\ 4}^{tt}$$

$$1\ 7\ 8\ 7\ |\ 3\ ß$$
$$\overline{8\ 9\ 3}^{tt}\ 13\ ß$$

Il y a un peu plus à faire à reduire les écus d'or en livres ; car comme ils valent chacun 5 ^{tt} 14 ß ou 114 ß, il faut premierement les reduire en fols , multipliant leur fomme par 114 , puis reduifant les fols en livres , vous trouverés ce que vous demandés. Ainfi pour fçavoir combien il y a de livres en neuf mille huit cens cinquante quatre écus d'or, je trouve que le produit de la multiplication de cette fomme par 114 eft d'un million cent vingt trois mille trois cens cinquante fix qui eft le nombre des fols qui y font contenus : lefquels reduits en livres me donnent cinquante fix mille cent foixante fept livres feize fols égales à la fomme des Ecus d'or propofée. Ainfi 732 écus d'or multipliés par 114 font 83448 fols qui reduits en livres donnent 4172 ^{tt} 8 ß.

```
        9 8 5 4
        1 1 4
      ----------
      3 9 4 1 6
      9 8 5 4
    9 8 5 4
    ------------------
                 1
    1 1 2 3 3 5 | 6 ß
    5 6 1 6 7 tt 1 6 ß
```

```
        7 3 2
        1 1 4
      --------
      2 9 2 8
      7 3 2
    7 3 2
    ------------
    8 3 4 4 | 8
    4 1 7 2 tt 8 ß
```

Pour reduire les livres en Efcus d'or il faut premierement les reduire en fols, & en divifer la fomme par 114. Ainfi 28955 livres reduites en fols valent 579100 ß, qui divifés par 114.donnent 5079 efcus d'or & 94 ß c'eft à dire 4^{tt} 14 ß de plus.

$$2\,8\,9\,5\,5^{tt}$$
$$(9$$
$$\quad 2\,(4$$
$$5\,7\,9\,1\,0\,0\,(5079$$

56327^{tt} valent 1126540 ß, qui divifés par 114, donnent 9881 Efcus d'or, & 106 ß, c'eft à 5^{tt} 6 ß de plus. Et ainfi du refte.

$$5\,6\,3\,2\,7^{tt}$$
$$(1$$
$$5\,2\,(0$$
$$0\,0\,5\,2\,(6$$
$$1\,1\,2\,6\,5\,4\,0\,(9881$$

CHAPITRE XII.

Extraction des Racines.

QUAND un nombre fe multiplie foy-mê-me, il produit fon quarré: Et s'il multiplie son quarré il produit son Cube. Ainsi parce que 2 multiplié par 2 fait 4, on dit que 4 est le quarré de 2 : Et le quarré 4 multiplié par le même 2 fait 8 Cube de 2. Ainsi 3 multiplié par 3 fait 9 quarré de 3 : & 9 multiplié par 3 fait 27 cube du même 3. Ainsi 7 multipliant 7 fait son quarré 49 : & 49 multiplié par 7 fait son cube 343. Et ainsi des autres. Où il est à remarquer que comme 4 est le quarré de 2, que 9 est le quarré de 3, & que 49 est le quarré de 7 ; aussi dit on que 2 est la racine quarrée de 4, & 3 la racine quarrée de 9, & 7 la racine quarrée de 49. Ainsi que comme 8 est le cube de 2, & 27 le cube de 3, & 343 le Cube de 7 ; Aussi dit on que 2 est la racine cubique de 8, & 3 racine Cubique de 27, & 7 racine cubique de 343.

Ce que l'on voit dans cette Table, qui contient les Quarrés & les Cubes des neuf nombres singuliers, à commencer de l'unité. Où l'on peut premierement remarquer qu'un même nombre peut-être ou Racine, ou Quarré, ou Cube selon les differentes relations qu'il a avec

Racines	Quarrés	Cubes
1	1	1
2	4	8
3	9	27
4	16	64
5	25	125
6	36	216
7	49	343
8	64	512
9	81	729

d'autres nombres. Ainsi le nombre 4, qui par exemple est quarré de 2 est aussi Racine quarrée de 16, & racine cubique de 64. Ainsi le même 64 est le quarré de 8, & le Cube de 4. Il est aussi la racine quarrée de 4096, & la racine cubique de 262144.

Il est de plus à considerer que tous les quarrés de cette Table sont au dessous de 100, & ne contiennent que deux figures ou deux chiffres; & que tous les cubes sont au dessous de 1000, & ne contiennent que trois caracteres. D'où l'on peut inferer qu'un nombre qui a plus de deux figures, a aussi plus d'une figure dans sa racine quarrée; & que tout nombre qui a plus de trois figures, à aussi plus d'une figure dans sa racine cubique.

De plus il n'y a que les neuf nombres, qui font dans la seconde colonne de la table, qui ayent des racines quarrées entre tous ceux qui font depuis 1 jusqu'à 100, & que tous les autres ne font pas exactement nombres quarrés. Par la même raison il n'y a que les neuf nombres de la troisième colonne de la Table qui ayent des racines cubiques, entre tous ceux qui font depuis 1 jusqu'à 1000. Et tous les autres ne font pas exactement nombres cubiques.

CHAPITRE XIII.

Extraction de la racine Quarrée.

CELA posé , lors que l'on propose un nombre dont il faut extraire la Racine quarrée ; si ce nombre est nombre quarré, il faut trouver un autre nombre pour sa racine quarrée , qui se multipliant soy - même produise le nombre proposé. Où au moins qui produise le plus grand de tous les nombres quarrés qui sont contenus dans le nombre proposé , si ce nombre n'est pas nombre quarré. La même chose se peut dire à l'égard de l'extraction de la Racine cubique.

Maintenant pour bien entendre l'Extraction de la racine Quarrée , il faut , s'il vous plaît MONSEIGNEUR , que vous vous souveniés que dans l'explication d'une des propositions du second livre d'Euclide , Nous vous avons fait voir que lors qu'une ligne est coupée en deux, le quarré de la toute est égal aux quarrés des deux segmens & au double du rectangle des mêmes segmens. Comme si la ligne A B est coupée en C , le quarré du segment A C qui est E F, le quarré de l'autre segment C B qui est B F, & les deux rectangles A F , D F , qui sont faits chacun des deux segments A C , B C, sont enfemble égaux au quarré de la toute AB c'eſt à dire au quarré AD. Ce que je vous ay fait voir dans les nombres, comme ſi la ligne AB contenant 14 meſures, le ſegment AC

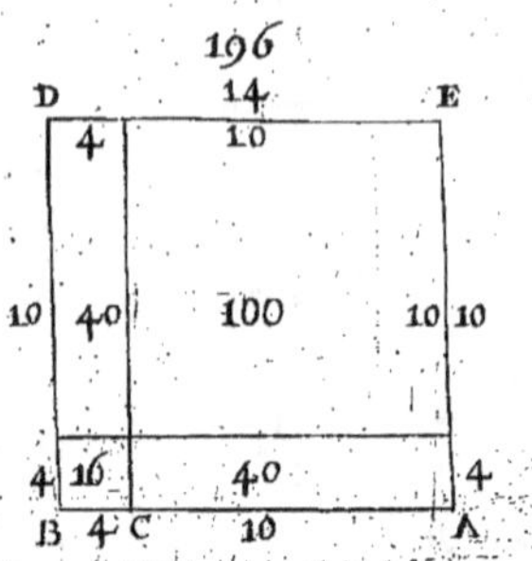

en contient 10 & BC 4; le quarré du grand ſegment AC ſera 100, celui du petit CB 16, le rectangle des ſegmens AC, CB, 40 dont le double eſt 80; Et tous ces nombres font enſemble celui de 196, quarré de la toute AB 14.

Cela êtant bien entendu; voici la regle pour extraire la racine quarrée. Coupés de deux en deux les Caracteres de la ſomme propoſée, commençant de la droite à la gauche & menés deux lignes, l'une au deſſus & l'autre à côté droit. Tirés la racine quarrée du nombre ou des nombres qui ſont dans la premiere ſection à main gauche & poſés la au quotient; Puis ôtés-en le quarré de la ſomme qui ſe trouve dans la même ſection, dont il faut effacer les caracteres & écrire au deſſus d'eux le reſte de la Souſtraction. Enſuite mettés le double de la racine trouvée dans la ſection ſuivante à droite ſous la ligne, & enſorte que ſon premier caractere de main droite reponde au premier de la gauche dans la section, & les autres ensuite, laissant vuide le siege des unités à main droite ; puis vous servant de ce nombre pour diviseur, voyés combien il est contenu de fois dans les chiffres qui lui repondent, & gardés en le nombre pour l'examiner avant que de le mettre au quotient. Car pour y entrer il faut le joindre luy-même au diviseur en le mettant dans le siege vacant sous les unités de la section ; & multipliant par lui tout le diviseur, soustraire le produit, des chiffres qui lui repondent, s'il n'est pas plus grand que leur somme. Car si ce produit se trouvoit plus grand, il faudroit diminuer d'une unité le caractere à mettre au Quotient, en la même maniere que nous avons dit en la division, jusqu'à ce que ce produit puisse être ôté de la somme qui repond au diviseur, dont il faudroit effacer les Caracteres, & écrire le reste de la Soustraction au dessus. Aprés quoy il faut encore prendre le double du Quotient entier pour diviseur, & travailler sur la section suivante en la maniere que nous venons d'expliquer jusqu'à la derniere ; Aprés laquelle on aura au quotient la Racine quarrée du nombre proposé, s'il ne reste rien aprés la derniere Soustraction ou du plus grand nombre quarré contenu dans la même somme, dont l'excés est marqué par ce qui reste.

Ainsi pour tirer la racine quarrée de ce nombre

bre 196 : Il paroît premierement
qu'ayant plus de deux figures la
Racine doit auſſi avoir plus d'un
caractere ; Et pour ce ſujet je le
coupe de deux en deux de la droite à la gauche,
& ayant tiré deux lignes l'une deſſous & l'autre à côté , je commence par
la premiere ſection à gauche
où il n'y a que 1 , Et je dis
la racine quarrée de 1 eſt 1
que je poſe au quotient ; puis multipliant cette
racine par elle-même , je dis 1 fois 1 eſt 1 que
je poſe ſous l'autre 1 , diſant 1 de 1 que j'efface
ne reſte rien. Et cet 1 du Quotient qui vaut 10,
repreſente le ſegment A C de la ligne A B , dont
le quarré 100 êtant
êgal à E F , eſt tiré du
Quarré entier A D
196 ; Et partant il ne
reſte plus que 96 qui
ſont égaux aux deux
Rectangles A F , D F
& au quarré B F. Où
l'on voit qu'il ne faut

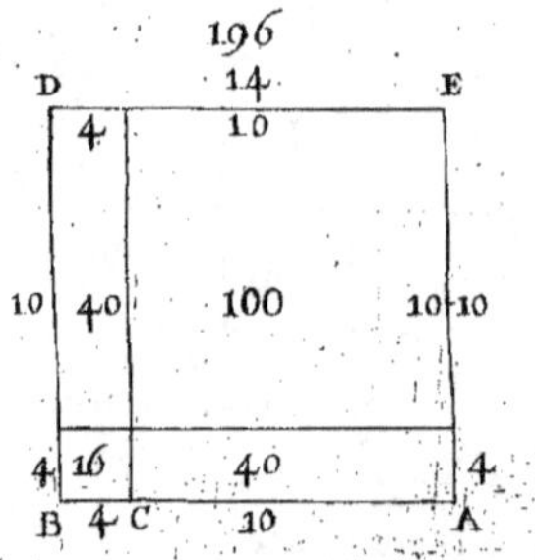

que trouver en nombres, la valeur du côté C B ;
Car ce nombre ſe multipliant ſoy-même , & le
double du côté A C, c'eſt à dire le double du premier quotient trouvé , produira le quarré B F &
le double du rectangle A C B. C'eſt donc pour

Q

cette raison que je prens le double du premier quotient 1 qui est 2, que je pose sous la section suivante au siege des dixaines,
c'est à dire sous le 9 en cet exemple, laissant la place vuide sous les unités, puis je vois combien il est contenu de fois dans 9, en disant 2 en 9 est 4 fois, & retiens 4 pour l'examiner avant que de le mettre au quotient ; Et pour cet effet il faut s'imaginer que le même 4 est écrit au siege des unités de la section que l'on examine, qui est ici sous le 6, afin d'avoir le nombre 24 pour diviseur de celle de 96 qui lui repond, & dire comme en la division 4 fois 4 font 16 & retiens 1, puis 4 fois 2 font 8, & 1 retenu font 9, qui n'étant pas plus grand que le 9 qui repond au dessus,
je mets 4 au quotient, & je l'écris au même temps sous les unités de la derniere section que l'on a laissé vacante pour ce sujet ; puis je dis comme en la division 4 fois 4 que j'efface en parlant font 16, & 6 de 6 du divisé que j'efface ne reste rien, & retiens 1 ; puis 4 fois 2, que j'efface font 8, & 1 retenu font 9, & 9 de 9 du divisé que j'efface ne reste rien. Ainsi j'ay au quotient 14 racine quarrée que l'on demande, & qui se multipliant elle - même fait le nombre proposé : Car 14 fois 14 font 196.

Ainsi pour extraire la Racine quarrée de ce nombre 578642, je le coupe de deux en deux à commencer de la droite à la gauche, & l'ayant enfermé d'une ligne par dessous & d'une autre à côte droit, je cherche quelle est la racine des nombres qui sont dans la premiere section à gauche, en disant le nombre 57, n'êtant pas quarré, n'a point de racine, & je vois dans la table rap-

```
5 7 | 8 6 | 4 2 (
    |     |
```

```
      8 |
5 7 | 8 6 | 4 2 ( 7
4 9 |     |
```

portée cy-devant que le plus grand quarré qu'il contient est 49, dont la racine est 7. Ainsi je pose 7 au Quotient, & j'écris son quarré 49 sous 57 pour l'en soustraire en disant 49, que j'efface en parlant, de 50 reste 1, & 7 de dessus que j'efface font 8 que j'écris sur le 7 & retiens 5, & 5 de 5 que j'efface, ne reste rien. Et par ce moyen la premiere operation est achevée. Aprés quoy je prens 14, double du quotient 7 que je mets sous les nombres de la section suivante,

```
      8 |
5 7 | 8 6 | 4 2 ( 7
4 9 | 4   |
  1 |     |
```

enforte qu'ils y laissent un siege vuide à droite,

c'eſt à dire que le 4 ſoit ſous les dixaines de la ſeconde ſection où il y a 8 dans cet exemple, & le 1 ſoit ſous le 8 de la premiere ſection : puis je dis 1 en 8 y eſt 8 fois, & je retiens 8 pour l'examiner avant que de rien mettre au quotient ; Et pour cet effet m'imaginant que le même 8 ſoit mis dans le ſiege que j'ay laiſſé vuide ſous le 6 ; je dis 8 fois 8 ſont 64 & retiens 6 ; puis 8 fois 4 font 32 & 6 font 38 & retiens 3 ; Puis 8 fois 1 font 8 & 3 font 11 , qui ſont plus grands que les 8 qui repondent au dernier caractere du diviſeur 1 ; Et partant 8 ne peut pas entrer au quotient. Et pour examiner ſi 7 y pourra ſervir, je ſupoſe qu'il ſoit êcrit au ſiege vuide ſous le 6, & je dis 7 fois 7 font 49 & retiens 5 ; puis 7 fois 4 font 28 & 5 font 33 & retiens 3 ; puis 7 fois 1 font 7 & 3 font 10 ; qui êtant encore plus grands que 8 , font voir que 7 ne peut pas entrer au quotient. Pour examiner ſi 6 pourra y être utile , je poſe qu'il ſoit ſous le 6 au ſiege vacant , & je dis 6 fois 6 font 36 & retiens 3 ; puis 6 fois 4 font 24 & 3 font 27 & retiens 2 ; puis 6 fois 1 font 6 & 2 font 8, qui ne ſont pas plus grands que les 8 qui repondent ſur le 1 du diviſeur ; Ainſi je poſe 6 au quotient à la droite du 7 , & dans la place vuide à droite du 4 afin d'avoir 146 pour la ſomme entiere du diviſeur ſur laquelle repond celle de 886. Puis je dis 6 fois 6 que j'efface font 36,

& 6 de 6 du divi-
fé que j'efface
ne refte rien, &
je pofe o fur le
6 & retiens 3 ;
puis 6 fois 4 que
j'efface font 24

```
     8  |  1 0  |
  ~~8~~ ~~7~~ | 8 ~~6~~ | 4 2 (76
  ─────────────────────────────
  ~~4~~ ~~9~~ | ~~4~~ ~~6~~ |
      ~~1~~ |
```

& 3 retenus font 27 , & 7 de 8 du divifé que
j'efface refte 1, & je pofe 1 fur le 8 & retiens 2 ;
Puis 6 fois 1 que j'efface font 6, & 2 retenus
font 8 ; & 8 de 8 du divifé que j'efface ne refte
rien. Ainfi la feconde operation eft achevée.

Enfuitte je prens
152 double du
quotient entier
76 que je mets
fous les nombres
de la fection fui-
vante aux mémes

```
     8  |  1 0  |
  ~~8~~ ~~7~~ | 8 ~~6~~ | 4 2 (76
  ─────────────────────────────
  ~~4~~ ~~9~~ | ~~4~~ ~~6~~ | 2
      ~~1~~ | 1 5 |
```

conditions , c'eft à dire enforte que le 2 de
cette fomme foit fous le 4 de la fection fuivante , laiffant un efpace vuide à la droite
fous le 2 du divi-
fé ; que le 5 fui-
vant foit fous le
o, & le 1 fous le 1,
puis confiderant
que cette fomme

```
     8  |  1 0  |
  ~~8~~ ~~7~~ | 8 ~~6~~ | 4 2 (760
  ─────────────────────────────
  ~~1~~ ~~9~~ | ~~4~~ ~~6~~ | ~~2~~ ~~6~~
      ~~1~~ | ~~1~~ 8 |
```

152 eft plus grande que celle de 104 qui lui re-

pond au deſſus, je
mets o au quotiét,
& j'eſface tous les
chiffres du divi-
ſeur ſous la ligne;
& j'ay 760 au quo-

$$\begin{array}{c|cc|cc|ccc} & 8 & & (1 & 0 \\ \hline 8 & 7 & 8 & 6 & 4 & 2 & (760 \\ \hline 1 & 9 & 4 & 6 & 2 & 6 \\ 1 & & 1 & 8 \end{array}$$

tient pour racine du plus grand nombre quarré qui ſoit dans le propoſé 578642, lequel ſurpaſſe le même quarré de celle de 1042 qui eſt le
reſte de la derniere ſouſtraction.

Voici encore un autre exemple qui eſt d'extraire la racine quarrée de ce nombre 1076400
qui ſeparé de deux
en deux a 4 ſe-
ctions, qui font
voir qu'il y aura 4

$$\begin{array}{c|cc|cc|cc} 1 & 0 & 7 & 6 & 4 & 0 & 0 & (\\ \hline & & & & & & \end{array}$$

caracteres dans la racine; Et ayant tiré une ligne
deſſous & une à côté droit; je commence par la
premiere ſection
à gauche, où il
n'y a que 1, & je
dis la racine quar-

$$\begin{array}{c|cc|cc|cc} 1 & 0 & 7 & 6 & 4 & 0 & 0 & (1 \\ \hline 1 & & & & & & \end{array}$$

rée de 1 eſt 1, que je mets au quotient, & je
dis 1 fois 1 eſt 1 que j'écris ſous la ligne, & 1 de
deſſous que j'eſface ôté de 1 de deſſus que j'efface, il ne reſte rien. Et ainſi la premiere operation eſt achevée. Aprés quoy je mets 2 double du quotient ſous le premier ſiege de main
gauche de la ſeconde ſection, & parce qu'il eſt

plus grand que le o qui lui repond au deſſus , je mets o au quotient &

$$1 \mid 0\;7 \mid 6\;4 \mid 0\;0\;(10$$
$$1 \mid 2 \mid \quad \mid$$

j'efface le 2 que j'avois pour diviſeur ſous la ligne, ainſi la ſeconde operation eſt finie. Puis je mets 20 double de tout le Quotient 10 pour diviſeur dans la troiſiéme ſe-ction, enſorte que

$$1 \mid 0\;7 \mid 6\;4 \mid 0\;0\;(10$$
$$1 \mid 2 \mid 0 \mid$$
$$\mid 2 \mid \quad \mid$$

le o ſoit ſous le premier ſiege à main gauche où il y a un 6 dans cet exemple , laiſſant une place vuide à la droite & le 2 ſous le 7 de la ſe-ction precedente ; Puis je dis 2 en 7 eſt 3 fois & je retiens 3 pour l'examiner avant que de le poſer au quotient ; puis m'imaginant que le mê-me 3 eſt êcrit au ſiege vuide à côté du o ſous la ligne ; je dis 3 fois 3 font 9 & retiens 1 ; puis 3 fois o fait o , & 1 retenu fait 1 & ne retiens rien, puis 3 fois 2 font 6 , qui ne ſont pas plus grands que 7 qui repondent ſur le 2 ; Ainſi je poſe 3 au quotient & au ſiege vuide ſous le 4 , & j'ay par ce moyen 203 pour diviſeur &

$$\overset{1}{} \quad \overset{5}{}\;\overset{5}{}$$
$$1 \mid \cancel{0}\;\cancel{7} \mid \cancel{6}\;\cancel{4} \mid 0\;0\;(103$$
$$1 \mid \cancel{2}\;\cancel{2} \mid \cancel{0}\;\cancel{3} \mid$$

764 pour nombre à diviſer qui lui repond. Ainſi je dis 3 fois 3 que j'efface au diviſeur font 9 ,

& 9 de 10 reste 1, & 1 & 4 du divisé que j'efface
font 5, & je pose 5
sur le 4 & retiens 1;

Puis 3 fois 0 que
j'efface font 0 & 1
retenu font 1, & 1
de 6 du divisé que

```
              1      5 5
1 | 6 7 | 6 4 | 0 0 ( 103
─────────────────────────
1 | 2 2 | 6 3 |
```

j'efface reste 5 , & je pose 5 sur le 6. Puis 3 fois
2 que j'efface font 6 & 6 de 7 du divisé que
j'efface reste 1, & je pose 1 sur le 7. Et ma troisiéme operation est achevée. Ensuite je prens
206 double de tout le quotient 103 que je pose
sous la quatriéme section pour diviseur ensorte

qu'il y laisse un es-
pace vuide à la
droite , afin d'a-
voir 1550 repon-
dant au diviseur
206. Ainsi je dis 2
en 15 y est 7 fois ;

```
        |   1   |  5 5
1 | 6 7 | 6 4 | 0 0 ( 103
─────────────────────────
1 | 2 2 | 6 3 | 6
  |      | 2 0 |
```

& je retiens 7 pour l'examiner ; Et le supofant
écrit au quotient & au siege laissé vuide , je
dis 7 fois 7 font 49 & retiens 5 ; puis 7 fois 6
font 42 & 5 font 47 & retiens encore 5 ; puis
7 fois 0 font 0 & 5 font 5 & retiens rien ; puis
7 fois 2 font 14 ; qui n'étans pas plus grands
que les 15 qui repondent au 2 du diviseur, je
mets 7 au quotient & au siege vuide ; puis je
dis 7 fois 7 que j'efface au diviseur , font 49,

&

& 49 de 50 reste 1,
& 1 de 0 du divifé
que j'efface eft 1,
que j'écris fur le 0
& retiens 5 : Puis 7
fois 6 que j'efface
font 42 & 5 rete-


```
            (1 0
      1 | 8 8 | (3 1
  1 | 0 7 | 6 4 | 0 0 ( 1037
  ___________________________
  1 | 2 2 | 0 3 | 6 7
  |     | 2 0 |
```

nus font 47 , & 47 de 50 , reftent 3 , & 3 & 0
du divifé que j'efface font 3 , & je pofe 3 fur
le 0 & retiens 5. Puis 7 fois 0 que j'efface au
divifeur font 0 & 5 retenus font 5 , & 5 de 5 du
divifé que j'efface refte rien , & je pofe 0 fur le
5 , & ne retiens rien ; puis 7 fois 2 que j'efface
font 14 & 4 de 5 du divifé que j'efface refte 1 ,
& je pofe 1 fur le 5 & retiens 1 , & 1 de 1 du divifé que j'efface , ne refte rien. Et par ce moyen
toute ma regle eft achevée & j'ay au quotient
1037 pour racine du plus grand quarré qui foit
contenu dans le nombre propofé 1076400 , qui
eft plus grand que ce quarré de la fomme de
1031 , qui refte aprés la derniere Souftraction.

La preuve de l'extraction de la racine quarrée fe fait en multipliant le quotient par lui-
même , & ajoutant au pro-
duit , qui fera le quarré du
quotient, le refte de la derniere fouftraction s'il y en
a. Comme fi en la fomme de
577600 qui eft le quarré de

```
              7 6 0
       _______________
       5 7 7 6 0 0
           1 0 4 2
       _______________
       5 7 8 6 4 2
              R
```

la Racine 760 , l'on ajoute
1042 qui eſt reſté aprés la
derniere ſouſtraction, vous
aurés la ſomme de 578642
égale à celle dont vous avés
tiré la racine 760. Ainſi
ajoutant à 1075369 quarré du quotient 1037, la
ſomme de 1031, qui reſte aprés la derniere ſouſtraction , vous aurés la
ſomme de 1076400, égale,
à celle de qui vous avés
fait extraction de la Ra-
cine quarrée. Et ainſi de
toutes les autres.

$$
\begin{array}{r}
7\ 6\ 0 \\
\hline
5\ 7\ 7\ 6\ 0\ 0 \\
1\ 0\ 4\ 2 \\
\hline
5\ 7\ 8\ 6\ 4\ 2 \\
\\
1\ 0\ 3\ 7 \\
\hline
1\ 0\ 7\ 5\ 3\ 6\ 9 \\
1\ 0\ 3\ 1 \\
\hline
1\ 0\ 7\ 6\ 4\ 0\ 0
\end{array}
$$

CHAPITRE XIV.

Extraction de la racine Cubique.

L'EXTRACTION de la Racine cubique ſe
fait à peu prés en la même maniere, quoy
qu'elle ait plus de difficulté. Or extraire la Racine cubique d'un nombre propoſé , c'eſt trouver un autre nombre qui ſe multipliant deux
fois ſoy-même, ou pour mieux dire qui multipliant ſon quarré , produiſe le nombre propoſé. Et comme nous avons fait remarquer cy-
devant qu'il n'y avoit que neuf nombres cubes
depuis 1 juſqu'à 1000 , & que nous pouvons

dire qu'il n'y en a que neuf autres depuis 1000 Liv. I.
Chap. XIV.
Extraction de
la racine Cu-
bique.
jufqu'à 8000, & neuf autres depuis 8000 jufqu'à
27000 , & ainfi du refte à l'infini ; Il paroît
qu'entre tous les nombres il y en a tres peu qui
ayent des racines cubiques ; Et qu'ainfi quand
on propofe un nombre pour en extraire la racine , il faut trouver fa racine cubique s'il eft
nombre cubé , ou au moins la racine cubique
du plus grand nombre cube qu'il contienne.

Deplus comme nous avons auffi fait remarquer, que lors qu'un nombre avoit plus de trois
figures , fa racine cubique avoit plus d'un caractere : Pour cet effet aprés avoir enfermé le
nombre propofé entre deux lignes , une deffous
& une à côté droit , il faut le couper de trois
en trois chiffres , à commencer de la droite à
la gauche ; Et commençant à la premiere fection
de main gauche , il faut voir quelle eft la racine
cubique du nombre qui y eft contenu s'il eft
cube , ou au moins celle du plus grand Cube
qu'il contient , & écrire cette racine au quotient ; Puis pofant le cube de cette racine fous
les nombres de cette fection , en fouftraire les
caracteres l'un aprés l'autre de ceux de deffus ,
effaçant les uns & les autres à mefure & écrivant au deffus d'eux ce qui refte de la fouftraction, & par ce moyen l'on acheve la premiere
operation. Aprés quoy il faut prendre le triple
du quarré du Quotient & le mettre pour di-

viseur sous les nombres de la section suivante,
à commencer du premier caractere de main
gauche, afin de laisser dans la même section,
deux lignes vuides à main droite : Puis voyant
combien le premier caractere de ce diviseur est
contenu de fois dans le nombre, qui lui repond,
il faut en retenir le nombre, que j'appelleray le
second quotient ou la seconde racine, pour
l'examiner avant que l'écrire au quotient en
cette maniere. Multipliés le Diviseur qui est,
comme nous avons dit, triple du quarré du premier quotient par le second quotient, & ajoutés deux o à leur produit : puis multipliés le
triple du premier quotient par le quarré du
second, ou le triple du quarré du second quotient par le premier (car les produits sont les
mêmes) & ajoutés un o au produit ; Et enfin
prenés le cube de la seconde racine. Et ajoutant ces trois sommes ensemble voyés si leur
somme n'est pas plus grande que celle des caracteres du nombre divisé qui se trouvent dans
la seconde section & dans le reste de la premiere : Car si elle étoit plus grande il faudroit
prendre pour seconde racine un nombre moindre de 1 que celui que l'on vient d'examiner, &
l'examiner lui-même en la même maniere, &
faire cela tant de fois, qu'à la fin la somme de
tous les produits de ces multiplications ensemble ne soit pas plus grande que celle des chif-

fres fur lefquels l'on fait la feconde operation.
Car alors il faut mettre cette racine au quotient
à la droite du premier , & effaçant le divifeur
écrire la fomme des produits fous la fection,
afin d'en faire la fouftraction de chiffre en chiffre , les effaçant à mefure , & écrivant le refte
au deffus. Et par ce moyen la feconde operation fe trouve achevée ; dans laquelle il peut
arriver , que pofant 1 pour feconde racine à
examiner la fomme de tous ces produits fe trouve encore plus grande que celle des nombres
qui repondent aux fections que l'on examine ;
Et en ce cas il faut pofer un o pour fecond
quotient , & effaçant le divifeur paffer à la
troifiéme operation. Laquelle ainfi que toutes
les autres , fe fait de la même forte que la feconde ; prenant tous les nombres du quotient
pour une feule & premiere racine , & fe fervant
du triple de leur quarré pour divifeur. Et à la
fin de la derniere operation vous avés au quotient la Racine cubique du nombre propofé
s'il eft nombre cube, ou au moins la racine cubique du plus grand cube qu'il contient, dont
le nombre qui refte de la derniere fouftraction
eft la difference.

Comme pour tirer la Racine cubique de ce
nombre 1728, qui ayant plus de
trois figures, fait voir que la racine en aura plus d'une ; Et pour

$$1 \mid 7\ 2\ 8\ ($$

Liv. I. Chap. XIV. Extraction de la racine Cubique.

ce ſujet aprés avoir mené une ligne deſſous & une autre à côté droit, je coupe les figures de 3 en trois, à commencer de la droite à la gauche; puis examinant la premiere ſection de main gauche dans laquelle il n'y a que 1; je dis la racine cubique de 1 eſt 1 que je poſe pour premiere racine au quotient, puis je dis le cube de 1 eſt 1 que j'ecris ſous la ligne dans la même ſection, & 1 du diviſeur que j'efface ôté de 1 du diviſé que j'efface auſſi ne reſte rien. Et ma premiere operation eſt ainſi achevée.

1	7 2 8	(1
1		

Aprés quoy je prens le triple du quarré de la premiere racine c'eſt à dire 3, que je poſe pour diviſeur dans le premier ſiege, à gauche de la ſeconde ſection, laiſſant deux place vuides à ſa droite:

1	7 2 8	(1
1	3	

puis je dis 3 en 7 y eſt 2 fois & je retiens 2 pour ſeconde racine que j'examine avant que de l'écrire au quotient en faiſant trois ſommes dont la premiere eſt 600, faite de 6 produit du diviſeur 3, & de la ſeconde racine 2, ajoutant deux 0; la ſeconde eſt 120 faite de 12, produit de 3 triple de la premiere racine & de 4 quarré de la ſeconde, ou de 12, triple du quarré de la ſeconde par la

6	0	0
1	2	0
		8
7	2	8

premiere 1 ajoutant un o ; & la troifiéme eſt 8 Cube de la même feconde racine. Et la fomme de ces trois ajoutées enfemble n'êtant pas plus grande que celle qui fe trouve dans la fection que l'on examine , je pofe 2 au quotient pour feconde racine. Puis je dis 2 multipliant 3 triple du quarré de la premiere ra- cine fait 6 , & ajoutant deux o , fait 600 ; puis 4 quarré de la feconde mul-

```
1 | 7 2 8 ( 12
  —————————————
1 | 3 2 8
  |   7
```

tipliant 3 triple de la premiere fait 12 , & ajou- tant un o fait 120 ; puis le Cube de 2 eſt 8 ; & ces trois fommes ajoutées font 728 que j'écris fous la fection en effaçant le divifeur 3 , afin de les fouftraire des nombres qui y répondent : Et ces deux fommes fe trouvant êgales , je n'ay qu'à effacer tous les caracteres de l'une & de l'au- tre ; & j'ay au quotient 12 pour racine cubique du nombre propofé , lequel eſt un nombre cube , puis qu'il ne reſte rien aprés la derniere fouftraction.

Ainfi pour extraire la racine cubique de ce nombre 33794. Aprés l'avoir renfermé d'u- je ligne deffous & d'une autre à côte droit , le coupe de trois en trois chiffres à com- mencer de la droite à la gauche : puis exami- nant les caracteres qui

```
33 | 7 9 4 (
———————————————
```

font dans la premiere section qui font 33 , je trouve dans la table que le plus grand cube qu'ils contiennent eft 27 dont la racine cubique eft

$$\begin{array}{c|l}
6 & \\
3\!\!\!/\ 3\!\!\!/ & 7\ 9\ 4\ \big(3 \\
\hline
2\ 7\!\!\!/ & \\
\end{array}$$

3, que je pofe au quotient & j'écris fon cube 27 fous les chiffres , que j'examine afin de les fouftraire l'un de l'autre en difant 27 du divifeur que j'efface ôtés de 30 reftent 3 , & 3 du divifé que j'efface font 6 & je pofe 6 fur le 3 & retiens 3 ; & 3 de 3 du divifé que j'efface ne refte rien ; Et ma premiere operation eft ainfi achevée. Puis je prend 27 triple de 9 quarré du quotient 3 & je les écris dans la fection fuivante, enforte qu'il y ait deux places vui- des à main droite ; c'eft à dire que dans cet exemple, le 7 doit être

$$\begin{array}{c|l}
6 & \\
3\!\!\!/\ 3\!\!\!/ & 7\ 9\ 4\ \big(3 \\
\hline
2\ 7\!\!\!/ & 7 \\
2 & \\
\end{array}$$

fous le 7 & le 2 fous le 6 de la premiere fection. Aprés quoy me fervant de ce nombre pour di- vifeur , je dis 2 en 6 eft 3 fois , & je retiens 3 pour feconde racine que j'examine avant que de l'écrire au quotient , en faifant 3 fommes dont la premiere eft 8100 , faite de 81 produit du di- vifeur 27 , & de la feconde racine 3 ajoutant deux o, la feconde eft 810 faite de 81 produit

de

de 9 quarré de la seconde racine
3 par 9 triple de la premiere , ou
de 27 triple du quarré de la seconde par la premiere 3 , ajoutant o ; Et la troisiéme est 27,
cube de la seconde racine 3 ; Et
ces trois ajoutées font la somme

$$
\begin{array}{cccc}
8 & 1 & 0 & 0 \\
  & 8 & 1 & 0 \\
  &   & 2 & 7 \\
\hline
8 & 9 & 3 & 7
\end{array}
$$

de 8937. Laquelle êtant plus grande que celle de
6794 qui font aux sections que l'on examine,
fait voir que 3 est trop grand pour être mis au
quotient pour seconde racine. Ainsi je prens 2
pour examiner , en faisant trois sommes dont
la premie est 5400 faite de 54 produit du diviseur 27 & de la seconde racine 2 , ajoutant deux o ;
la seconde est 360 faite de 36
produit de 4 quarré de la seconde racine & de 9 triple de la
premiere , ou de 12 triple du quarré de la seconde par la premiere 3 , ajoutant un o ; & la
derniere est 8 cube de la mê-
me racine 2 : Et la somme des
trois est 5768 qui n'étant pas
plus grande que celle de 6794
qui se trouve dans les sections
que l'on examine, je mets 2 au
quotient & effaçant le diviseur
27, j'écris la somme des trois produits, c'est à dire
5768 dans la même section pour la soustraire

$$
\begin{array}{cccc}
5 & 4 & 0 & 0 \\
  & 3 & 6 & 0 \\
  &   &   & 8 \\
\hline
5 & 7 & 6 & 8
\end{array}
$$

$$
\begin{array}{cc|ccc}
 & 6 & & & \\
3 & 3 & 7 & 9 & 4 \;(32 \\
\hline
2 & 7 & 7 & 6 & 8 \\
 & 2 & 7 & & \\
 & 5 & & &
\end{array}
$$

de celle qui lui repond au deſſus , en diſant
8 du diviſeur que j'ef-
face ôté de 10 reſte 2 ,
& 4 du diviſé que j'ef-
face ſont 6 , & je poſe
6 ſur le 4 & retiens 1 ;
puis 1 & 6 du diviſeur
que j'efface font 7 , &
7 de 9 que j'efface ,
reſte 2 & je poſe 2
ſur le 9 ; puis 7 que
j'efface au diviſeur de 7 que j'efface au diviſé
reſte rien , & je poſe o ſur le 7 ; puis 5 que
j'efface au diviſeur de 6 que j'efface au diviſé
reſte 1 , & je poſe 1 ſur le 6. Et par ce moyen
l'Extraction eſt terminée , & je trouve dans le
quotient le nombre 32 pour racine cubique du
plus grand nombre cube contenu dans la ſom-
propoſée.

```
            ( 1
     6        ( 0 2 6
   3 3  |  7 9 4  ( 32
   ───────────────
   2 7  |  7 6 8
     2  |  7
     8  |
```

Voici encore un autre exemple dans lequel il
y a un plus grand
nombre de cara-
ctères ; C'eſt d'ex-
traire la racine cu-
bique de 52896841,
que je renferme
premierement en-
tre deux lignes , une deſſous & une à côté
droit ; puis l'ayant coupée de trois en trois, je mets

```
   2 5  |         |
   8 2  | 8 9 6 | 8 4 1  ( 3
   ──────────────────────
   2 7  | 7     |
     2  |
```

3 au quotient, qui eſt la racine cubique du plus grand cube contenu dans le nombre 52 de la premiere ſection à droite; & poſant 27 cube de la racine 3 ſous le même nombre 52, je le ſouſtrais en diſant 27 que j'efface de 30 reſte 3, & 2 du diviſé que j'efface font 5, & je poſe 5 ſur le 2 & retiens 3, & 3 de 5 du diviſé que j'efface reſte 2, & je poſe 2 ſur le 5, & ainſi ma premiere operation eſt achevée. Aprés quoy je mets pour diviſeur 27 triple du quarré du quotient 3 dans la ſeconde ſection, laiſſant deux ſieges vuides à main droite. Puis m'en ſervant de diviſeur je dis 2 en 25 y eſt 9 fois, & je retiens 9 pour ma ſeconde racine, que j'examine avant que de l'écrire au quotient, en faiſant trois ſommes dont la premiere eſt 24300 faite de 243 produit du diviſeur 27 & de la ſeconde racine 9 ajoutant deux 0 ; la ſeconde eſt 7290 faite de 729 produit de 81 quarré de la ſeconde racine & de 9 triple de la premiere, ou de 243 triple du quarré de la ſeconde & de la premiere 3, ajoutant un 0;

2	4	3	0	0
	7	2	9	0
		7	2	9
3	2	3	1	9

& la derniere eſt 729 cube de la même ſeconde racine 9 : Qui font enſemble 32319 qui, étant plus grand que 25896 qui repondent aux ſections que l'on examine, fait voir que 9 eſt trop grand pour être la ſeconde racine que l'on demande.

Maintenant pour sçavoir si 8 pourra l'être, il faut l'examiner en la même maniere, faisant trois sommes dont la premiere est 21600 faite de 216 produit du diviseur 27 & de la seconde racine 8, ajoutant deux o ; la seconde est 5760 faite de 576 produit de 64 quarré de la seconde racine & de 9 triple de la premiere, ou de 192 triple du quarré de la seconde & de la premiere 3, ajoutant un o ; & la troisiéme est 512 cube de la même seconde racine 8, qui font ensemble 27872 qui, êtant encore plus grands que 25896, font voir que 8 ne peut pas être la racine que l'on demande. De-forte que pour sçavoir si 7 le pourra être, il faut faire trois autres sommes dont la premiere est 18900 faite de 189, produit du diviseur 27, par la seconde racine 7 ajoutant deux o ; La seconde est 4410 faite de 441 produit de 49 quarré de la seconde racine 7 par 9 triple de la premiere, ajoutant un o ; & la troisiéme est 343 cube de la même seconde racine 7. Et ces trois sommes font ensemble 23653, qui n'êtans pas plus grands que 25896 ; je pose 7 pour seconde racine au Quotient, puis effaçant le diviseur 27 j'écris dans les sections que

$$\begin{array}{rrrrr} 2 & 1 & 6 & 0 & 0 \\ & 5 & 7 & 6 & 0 \\ & & 5 & 1 & 2 \\ \hline 2 & 7 & 8 & 7 & 2 \end{array}$$

$$\begin{array}{rrrrr} 1 & 8 & 9 & 0 & 0 \\ & 4 & 4 & 1 & 0 \\ & & 3 & 4 & 3 \\ \hline 2 & 3 & 6 & 5 & 3 \end{array}$$

l'on examine la somme trouvée 23653, que je fou-
ftrais de celle qui
lui repond au def-
fus en difant 3 du
divifeur que j'ef-
face ôté de 6 du
divifé que j'efface
refte 3 que je pofe
fur le 6 ; puis 5 du
divifeur que j'effa-
ce, de 9 du divifé


```
              2
   x 8 | 2 4 3 |
   8 x | 8 9 6 | 8 4 1 ( 37
  ──────────────────────────
   x 7 | 7 8 3 |
     x | 6       |
   x 3 |
```

que j'efface refte 4 & j'écris 4 fur le 9 ; puis 6 que
j'efface de 8 que j'efface auffi refte 2 , & je pofe 2 fur
le 8 ; puis 3 du divifeur que j'efface ôté de 5 du divifé que j'efface refte 2 que j'écris fur le 5 ; & enfin
2 du divifeur que j'efface ôté de 2 du divifé
que j'efface auffi , ne refte rien. Et ma feconde
operation fe trouve ainfi faite. Pour faire la
troifiéme je prens
4107 , triple du
quarré du quo-
tient entier 37, (&
que je prens ici
pour premiere ra-
cine,) que je mets
pour divifeur dãs
la troifiéme fe-

```
              2
   8 x | 2 4 3
   8 x | 8 9 6 | 8 4 1 ( 37
  ──────────────────────────
   x 7 | 7 8 3 | 7
     x | 6 1 0 |
   x 3 | 4
```

ction , dans laquelle je laiffe neanmoins deux
fieges vuides à droite. Puis pour trouver la fe-

conde racine, je dis 4 en 22 qui lui repondent
y est 5 fois, & je retiens 5 pour ma seconde racine, que j'examine avant que de l'écrire au
quotient, en faisant trois sommes dont la premiere est 2053500 faite
de 20535 produit du
diviseur 4107 par la se-
conde racine 5, ajoutant
deux 0 ; la seconde est
27750 faite de 2775 pro-
duit de 25 quarré de la

$$
\begin{array}{ccccccc}
2 & 0 & 5 & 3 & 5 & 0 & 0 \\
  &   & 2 & 7 & 7 & 5 & 0 \\
  &   &   &   & 1 & 2 & 5 \\
\hline
2 & 0 & 8 & 1 & 3 & 7 & 5
\end{array}
$$

même racine par 111 triple de la premiere 37, ou
de 75 triple du quarré de la seconde 5 par la
premiere 37, ajoutant un 0 ; & la derniere
est 125 cube de la seconde racine : Qui font ensemble 2081375, qui n'étans pas plus grands
que 2243841 qui repondent aux sections
que l'on examine ; je pose 5 pour seconde racine au quotient,
& effaçant les ca-
racteres du divi-
seur 4107, j'é-
cris la somme trou-
vée de 2081375
dans les dernieres
sections, & pour
la souftraire des
chiffres qui lui re-
pondent, je dis 5

du diviſeur que j'efface ôté de 10 , reſte 5 & 1
du diviſé que j'efface ſont 6 , & j'écris 6 ſur 1 &
retiens 1 ; puis 7 du diviſeur que j'efface & 1
retenu font 8, & 8 de 10 reſtent 2 & 4 du diviſé
que j'efface font 6 , & je poſe 6 ſur le 4 & retiens 1; puis 1 & 3 du diviſeur que j'efface ſont
4 & 4 de 8 du diviſé que j'efface reſte 4 , que
j'écris ſur le 8; puis 1 que j'efface au diviſeur de
3 du diviſé que j'efface reſte 2 , que je poſe ſur le 3;
puis 8 du diviſeur que j'efface ôté de 10 reſte 2 ,
& 4 du diviſé que j'efface font 6 , que j'écris ſur
le 4 & retiens 1 ; puis o du diviſeur que j'efface
& 1 retenu font 1 , & 1 de 2 du diviſé que j'efface
reſte 1 , que je poſe ſur le 2 ; Enfin 2 du diviſeur que j'efface , ôté de 2 du diviſé que j'efface ne
reſte rien. Et par ce moyen , toute ma regle
eſt achevée , par laquelle j'ay 375 au quotient
pour la racine cubique du plus grand cube contenu dans la ſomme propoſée , laquelle excede
ce nombre cube de la ſomme de 162466, qui
reſte aprés la derniere ſouſtraction.

La preuve de l'extraction de la racine cubique ſe
fait en multipliant la racine trouvée deux fois par
elle-même, c'eſt à dire en la multipliant par ſon
quarré : car par ce moyen on aura le cube de
cette racine à laquelle ajoutant ce qui reſte de
la derniere ſouſtraction, la ſomme des deux doit
être égale à la propoſée ſi l'operation a eſté
bien faite. Ainſi le cube du quotient 12 eſt égal

à 1728, qui est la premiere somme proposée. Ainsi ajoutant à
32768, cube de la racine trouvée
32, la somme de 1026 qui reste aprés la derniere soustraction , vous avés 33794
égale à celle dont vous avés fait
l'Extraction. Et ajoutant à 52734375
cube de la racine trouvée 375 ; la
somme de 162466 qui reste aprés la
derniere soustraction. Vous aurés
52896841 égale à la somme sur
laquelle vous avés fait les operations de la regle.

$$
\begin{array}{r}
1\ 2 \\
\hline
1\ 7\ 2\ 8 \\
\\
3\ 2 \\
\hline
3\ 2\ 7\ 6\ 8 \\
1\ 0\ 2\ 6 \\
\hline
3\ 3\ 7\ 9\ 4
\end{array}
$$

$$
\begin{array}{r}
3\ 7\ 5 \\
\hline
5\ 2\ 7\ 3\ 4\ 3\ 7\ 5 \\
1\ 6\ 2\ 4\ 6\ 6 \\
\hline
5\ 2\ 8\ 9\ 6\ 8\ 4\ 1
\end{array}
$$

CHAPITRE XV.

Suite pour l'Extraction des racines.

AU reste, quoi que les racines quarrées &
cubiques, que nous avons trouvées par
la regle precedente, soient les plus grandes que
l'on puisse tirer des sommes proposées en nombres entiers ; On peut neanmoins y joindre des
fractions

fractions qui l'aprocheront beaucoup de la veritable racine, sans pourtant y pouvoir jamais arriver.
Et la pratique aux racines quarrées est celle - ci.

Ajoutés au quotient une fraction dont le
numerateur, ou le nombre de dessus la ligne ,
soit égal à ce qui reste aprés la derniere soustraction , & le denominateur, ou le nombre de
dessous la ligne , êgal au double du quotient
augmenté de 1 : Et par ce moyen le quotient
avec cette fraction fait une racine beaucoup
plus proche de la vraye que le même quotient
sans fraction , mais qui est pourtant toûjours
moindre qu'elle. Et si vous prenés seulement le
double du quotient pour denominateur sans
y ajouter 1 , le quotient avec la fraction fera
une racine encore plus proche de la vraye, mais
qui sera pourtant plus grande qu'elle.

Ainsi ajoutant au quotient 760 une fraction
dont le Numerateur soit 1042 qui restent aprés
la derniere soustraction , & le denominateur
1521 fait du double du quotient 760 en ajou-
en ajoutant 1 , vous aurés 760 $\frac{1042}{1521}$ pour racine
quarrée du nombre proposé 578642 plus pro-
che de la vraye, mais qui en est pourtant moin-
dre ; & cet autre nombre 760 $\frac{1042}{1520}$, ou le denominateur de la fraction n'a que le double du
quotient 760 sans y rien ajouter , est aussi tres
proche de la veritable racine , quoy qu'il soit
plus grand qu'elle.

T

Ainfi ajoutés au quotient 1037 une fraction dont le Numerateur foit 1031 refte de la derniere fouftraction, & le Denominateur foit 2075 fait du double du quotient ajoutant 1 ; & vous aurés 1037 $\frac{1031}{2075}$ pour racine quarrée du nombre 1076400 encore moindre que la vraye, mais beaucoup plus proche que les nombres entiers 1037 ; & le nombre 1037 $\frac{1031}{2074}$ eft une racine plus grande que la vraye, mais beaucoup plus proche d'elle que n'eft le quotient en nombres entiers.

L'on pourroit en aprocher encore plus prés en ajoutant plufieurs couples de o deux à deux à la fomme propofée ; Et ayant extrait la racine quarrée de toute la fomme, il faudroit retrancher autant de figures à droite dans vôtre quotient que vous avés ajouté de couples de o ; vous fervant des figures retranchées pour numerateur de la fraction que l'on doit joindre au quotient, dont le deminateur doit être 1 avec autant de o à fa droite qu'il y a eu de couples de o ajoutées à la fomme propofée.

Cette maniere eft auffi celle dont on fe fert en l'extraction des racines cubiques pour trouver dans les nombres qui ne font pas cubes, une racine avec fractions plus proche de la vraye que n'eft le quotient en nombres entiers. La difference eft qu'il faut ajouter au nombre propofé tant de ternaires de o qu'on veut, qu'il

faut difpofer de trois en trois ; puis tirant la
racine cubique de la fomme entiere avec tous
ces o ajoutés , retranchés du quotient trouvé
autant de figures à droite qu'il y a de ternaires
de o ajoutés, c'eft à dire autant de fois que l'on
a ajouté trois o à la fomme propofée ; Et ces
figures retranchées font le numerateur de la
fraction qu'il faut joindre au quotient, & le
denominateur eft 1 avec autant de o à fa droite
qu'il y a eu de ternaires de o ajoutés. A quoy
je ne m'arrefteray pas davantage pour la difficulté de l'operation & pour le peu d'utilité que
l'on en peut tirer.

LIVRE SECOND.

DES FRACTIONS.

CHAPITRE PREMIER.

C H A P. I.

Les Regles que nous avons expliquées ne font que pour les nombres entiers, c'eft à dire pour ceux qui ne font pas moindres que l'unité. Mais comme on peut divifer un entier ou une unité en plufieurs & differentes parties, & que l'on peut prendre une ou plufieurs de ces differentes parties pour les comparer enfemfemble; Il paroît qu'il faut d'autres regles pour ce calcul. Et ces regles font celles que l'on appelle des *Fractions*, qui font certains nombres qui expriment non feulement en combien de parties l'entier où l'unité a été divifé, mais même combien on entend qu'il y ait de ces parties dans la fraction.

C'eft pour ce fujet que chaque fraction eft compofée de deux nombres mis l'un fur l'autre & feparés par une petite ligne, dont l'un qui eft au deffus s'appelle le *Numerateur* & l'autre qui eft au deffous eft le *Denominateur* de la

fraction. Ce dernier marque en combien de par- ties l'entier eſt diviſé , & le Numerateur enſeigne quel eſt le nombre de ces parties conte-
nues dans la fraction.

Maintenant comme l'unité peut être diviſée en
deux, en trois, en quatre, en dix , en cent, en mille
parties ; Ces parties prennent leur nom de la diviſion de l'entier , & elles s'expriment par nombres en cette maniere : $\frac{1}{2}$ c'eſt à dire une moitié
ou un demi, lors que l'entier eſt diviſé en deux ;
$\frac{1}{3}$ un tiers , lors qu'étant diviſé en trois on
prend une de ces parties ; $\frac{2}{3}$ deux tiers, lors qu'on
en prend deux ; Ainſi $\frac{1}{4}$ un quart ; $\frac{3}{4}$ trois quarts ;
$\frac{1}{5}$ un cinquiéme ; $\frac{2}{5}$ deux cinquiémes ; $\frac{4}{5}$ quatre
cinquiémes ; $\frac{1}{100}$ un centiéme ; $\frac{23}{100}$ vingt trois centiémes , lors que l'entier étant diviſé en cent par-
parties , on en prend vingt trois. Et ainſi des
autres ; Où vous voyés que le Denominateur
enſeigne, ainſi que nous avons dit , en combien
de parties l'entier eſt diviſé , & le Numerateur
fait voir le nombre de ces parties qui ſont contenues dans la fraction.

Surquoy il eſt bon de ſçavoir que le Numerateur contient les mêmes parties du Denominateur, que la fraction en contient de celles de
l'unité ; c'eſt à dire que le numerateur à même
proportion au denominateur que la fraction a
à l'unité ; comme en celles-ci $\frac{1}{3}$, le numerateur
1 eſt auſſi bien le tiers du denominateur 3 , que

la fraction $\frac{1}{3}$ eſt le tiers de l'unité ; Et dans celle-ci $\frac{3}{4}$, le numerateur 3 contient auſſi-bien les trois quarts du denominateur 4 , que la fraction $\frac{3}{4}$ contient les trois quarts de l'unité ; Ainſi dans la fraction $\frac{23}{100}$, le numerateur 23 contient les vingt - trois centiémes du denominateur 100 , comme la fraction $\frac{23}{100}$ contient les vint trois centièmes de l'unité ; Et ainſi des autres.

D'où il s'enſuit que toutes les fractions ſont égales dans leſquelles le numerateur à même raiſon avec le denominateur. Ainſi toutes ces fractions $\frac{1}{2}$ $\frac{2}{4}$ $\frac{3}{6}$ $\frac{5}{10}$ $\frac{7}{14}$ $\frac{23}{46}$ $\frac{50}{100}$ &c , ſont égales , dans leſquelles les numerateurs ſont tous à leurs denominateurs, comme 1 eſt à 2. Ainſi ces fractions $\frac{1}{3}$ $\frac{2}{6}$ $\frac{5}{1}$ $\frac{20}{60}$ $\frac{55}{165}$ &c. ſont êgales, où les numerateurs ſont aux denominateurs comme 1 à 3. Car les raiſons des fractions à l'entier êtant les mêmes que celles des numerateurs , aux denominateurs, il eſt aiſé de comprendre que celles des fractions aux entiers ſont égales , lors que celles des numerateurs aux denominateurs ſont auſſi égales.

Il paroît de plus qu'entre ces fractions égales il y en a une dont les termes ſont les moindres de ceux qui ont même raiſon entr'eux, comme les fractions $\frac{1}{2}$ & $\frac{1}{3}$ dans les exemples propoſés ſont celles dont les termes ſont les plus petits de tous ceux qui peuvent avoir la raiſon

de la fraction qu'ils expriment à l'unité. Et
comme il est souvent à propos de reduire les
fractions à leurs moindres termes, tant parce
que leur raison s'en conoît mieux, que parce
qu'ils aportent beaucoup plus de facilité aux
operations des regles : Voici ce que l'on fait
pour y parvenir.

CHAPITRE II.

Reduction des Fractions aux moindres termes.

DIVISE's le plus grand des nombres d'une
fraction par le moindre, puis le moindre par ce qui reste aprés la division, puis ce
reste par l'autre reste, & ainsi de suite jusqu'à
ce qu'il ne reste rien aprés la division ; Et alors
si le dernier diviseur est 1, les deux nombres
proposés sont *Premiers* entr'eux, & partant les
moindres termes de leur raison. Mais si ce dernier diviseur est un nombre, il sera la commune mesure la plus grande des deux proposés ;
desorte que divisant l'un & l'autre par ce dernier vous aurés au quotient les termes le plus
petits en la raison des nombres proposés.

Comme pour reduire cette fraction $\frac{5}{13}$ aux
plus petits termes il faut diviser 13 par 5 ; puis
5 par 3 qui restent aprés la premiere division,
puis 3 par 2 qui reste de la seconde division, &

enfin 2 par 1 refte de la troifiême ; Et il ne refte rien, & comme le dernier divifeur eft 1 les deux termes propofés 5 & 13 font *Premiers* entr'eux, & partant les plus petits de leur raifon, & la fraction $\frac{5}{13}$ eft aux plus petits termes.

Mais s'il faloit reduire celle - cy $\frac{36}{60}$; Divifés 60 par 36 ; puis 36 par 24 refte de la premiere divifion , puis 24 par 12 refte de la feconde ; & comme il ne refte rien, il paroît que le dernier divifeur 12 eft la plus grande commune mefure des deux propofés 36 & 60 , lefquels êtant chacun divifé par 12 donnent 3 & 5 au quotient , qui forment aux plus petits termes la fraction $\frac{3}{5}$ égale à la propofée $\frac{36}{60}$.

Ainfi pour reduire $\frac{282}{3654}$ aux moindres termes divifés 3654 par 282 ; puis 282 par 270 refte de la premiere divifion ; puis 270 par 12 refte de la feconde ; puis 12 par 6 refte de la troifiéme ; & comme il ne refte rien , il paroît que 6 eft la plus grande commune mefure que l'on cherche, laquelle divifant les deux nombres 282 & 3654 , produifent ces deux 47 & 609 qui font en moindres termes la fraction $\frac{47}{609}$ égale à la propofée.

L'on a quelques fois plûtôt fait de partager les nombres de la fraction propofée en deux s'ils font pairs , puis en 3 ou en 5 &c. s'ils peuvent l'être : comme en cet exemple on fait de la fraction $\frac{282}{3654}$, cette autre $\frac{141}{1827}$, en partageant les termes en deux , parce qu'ils font pairs ; puis

celle-ci

celle-ci $\frac{47}{609}$ en divifant les nombres 141 & 1827 en trois.

Voici quelques regles pour faciliter ces pratiques.

Tous les nombres dont le dernier chiffre eft un nombre pair ou un o , peuvent être divifés par 2.

Tous les nombres qui ont o pour dernier chiffre peuvent être divifés par 10.

Tous les nombres qui ont 5 pour dernier caractere, peuvent être divifés par 5.

Tous les nombres dont les caracteres ajoutés enfemble font 9 ou un multiple de 9, peuvent être divifés par 9.

Tous les nombres dont les caracteres ajoutés enfemble font 3 ou un multiple de 3 , peuvent être divifés par 3.

Le même nombre peut-être divifés par 6 , fi le dernier chiffre eft nombre pair.

Et par 15, fi le dernier caractere eft 5.

Et par 30 , fi le dernier caractere eft o.

Tout nombre dont tous les chiffres ajoutés enfemble font 9 ou un multiple de 9 , peut être divifé par 18 fi le dernier caractere eft nombre pair.

Et par 45 , fi le dernier chiffre eft 5.

Et par 90, fi c'eft un o.

V

CHAPITRE III.

Reduction des Fractions à même Denominateur.

IL faut souvent reduire les fractions à même denominateur pour les ajouter ou souftraire : Ce qui se fait ainsi. Les numerateurs multipliés en croix par les denominateurs reciproques, donnent les numerateurs des fractions que l'on cherche, & leur denominateur commun est le produit des deux denominateurs multipliés l'un par l'autre.

Comme pour reduire ces deux fractions $\frac{1}{2}$ & $\frac{2}{3}$ à un même denominateur; je les pose en cette maniere $\frac{1}{2} \times \frac{2}{3}$, & multipliant en croix 1 numerateur de la premiere par 3 denominateur de la seconde; puis 2 numerateur de la seconde par 2 denominateur de la premiere ; j'ay 3 & 4 pour numerateurs des fractions que je cherche , dont le denominateur commun est 6 produit des deux denominateurs 2 & 3 multipliés l'un par l'autre ; Ainsi j'ay $\frac{3}{6}$ & $\frac{4}{6}$ sous un même denominateur & égales aux deux fractions proposées $\frac{1}{2}$ & $\frac{2}{3}$

Ainsi proposant $\frac{4}{7}$ & $\frac{5}{6}$ à reduire à même denominateur ; je n'ay qu'à les poser ainsi $\frac{4}{7} \times \frac{5}{6}$ & multiplier 4 par 6, & 5 par 7 pour avoir les deux numerateurs 24 & 35 ; puis 7 par 6 pour avoir le denominateur commun 42 ; Ainsi les deux $\frac{24}{42}$ $\frac{35}{42}$ sous le même denominateur 42, font égales aux deux propofées $\frac{4}{7}$ $\frac{5}{6}$

Lors qu'il y a plus de deux fractions à reduire à même denominateur, il faut commencer
la reduction par les deux premieres; puis multipliant le numerateur d'une troifiéme par le
denominateur commun des deux autres, & chacun de leurs numerateurs par le denominateur
de la troifiéme, vous aurés les trois numerateurs, & leur denominateur commun fera le
produit du denominateur commun des deux
premieres par le denominateur de la troifiéme.
Et faire ainfi de fuite.

Comme pour reduire ces trois fractions $\frac{1}{3}$ $\frac{3}{4}$
$\frac{5}{7}$ à un même denominateur; je reduis premierement les deux $\frac{1}{3}$ & $\frac{3}{4}$ en multipliant 1 par 4
& 3 par 3, & les denominateurs 3 par 4 qui me
font $\frac{4}{12}$ & $\frac{9}{12}$ égales à $\frac{1}{3}$ & $\frac{3}{4}$. Aprés quoy dif-
pofant les fractions en cette maniere, je multi-
plie 5 numerateur de la derniere par 12 denominateur commun des deux au-
tres pour avoir 60; puis 4 & 9
numerateur des deux premieres
par 7 denominateur de la troifiéme pour avoir 28 & 63; &

$$\frac{1}{3} \qquad \frac{3}{4}$$
$$\frac{4}{12} \qquad \frac{9}{12} \times \frac{5}{7}$$
$$\frac{28}{84} \qquad \frac{63}{84} \qquad \frac{60}{84}$$

enfin 7 par 12 qui font 84. Ainfi j'ay ces trois
fractions $\frac{28}{84}$ $\frac{63}{84}$ $\frac{60}{84}$ fous un même denominateur,
égales aux trois propofées $\frac{1}{3}$ $\frac{3}{4}$ $\frac{5}{7}$.

Quand il y a des entiers, ou des entiers avec
des fractions à reduire en fractions; il faut mul-

tiplier le nombre entier par le denominateur de la fraction à laquelle vous le voulés reduire, pour avoir le numerateur. Ainſi pour reduire 7 en fraction dont le denominateur ſoit 3, il n'y a qu'à multiplier 7 par 3 : Car $\frac{21}{3}$ font une fraction égale à 7.

Si l'entier eſt accompagné de fraction, il faut le multiplier par le denominateur, & ajouter au produit le numerateur de la fraction qui l'accompagne, pour avoir le numerateur que l'on demande. Ainſi pour reduire $7\frac{3}{4}$ en fraction, multipliés 7 par 4 & ajoutés au produit 28 le numerateur 3 de la fraction $\frac{3}{4}$, & vous aurés $\frac{31}{4}$ égale à $7\frac{3}{4}$. Ainſi $9\frac{5}{8}$ fait $\frac{77}{8}$ en multipliant 9 par 8 & ajoutant le numerateur 5 au produit 72.

Au reſte une fraction eſt plus grande que l'unité, lors que ſon numerateur ſurpaſſe le denominateur. Et alors ſi l'on diviſe le numerateur par le denominateur, l'on aura au quotient le nombre entier contenu dans la fraction, auquel il faut ajouter une fraction, dont le reſte aprés la diviſion, s'il y en a, eſt le numerateur, & le diviſeur eſt le denominateur. Ainſi diviſant 21 numerateur de la fraction $\frac{21}{3}$ par ſon denominateur 3, vous avés au quotient 7 pour le nombre des entiers contenus dans la fraction. Et diviſant 77 numerateur de cette fraction $\frac{77}{8}$ par le denominateur 8, il vient 9 au quotient, & il reſte 5 aprés la diviſion, dont il faut faire

le numerateur de la fraction $\frac{5}{8}$ qui joint à l'entier 9, donne 9 $\frac{5}{8}$ égaux à la fraction proposée $\frac{77}{8}$.

L I v. I I.
C H A P. I I I.
Reduction des
fractions à
même deno-
minateur.

Quand on veut évaluër une fraction, ou la
reduire à quelque quantité conuë & determinée ; comme reduire une fraction de livres en
fols ou en onces, une fraction de fols en deniers, une fraction de pieds en pouces, ou autre de telle nature ; Multipliés le numerateur de
la fraction proposée par le nombre de la petite
espece contenuë dans la plus grande ; comme
par 20 si c'est de livres en fols, par 16 si c'est
de livres en onces, par 12 si c'est de fols en deniers, ou de pieds en pouces, ou par 36 si c'est
de toises quarrées en pieds quarrés, ou par 216
si c'est de toises cubes en pieds cubes & ainsi
des autres ; puis divisant le produit par le denominateur de la fraction vous aurés le prix de
vôtre fraction évaluée.

Comme pour sçavoir ce que font en fols les
$\frac{4}{5}$ d'une livre. Je multiplie 20 par le numerateur
4, & divisant le produit 80 par le denomina-
teur 5, j'ay 16 ß pour ma fraction évaluée, car
16 ß font les $\frac{4}{5}$ d'une livre. Ainsi pour sçavoir
ce que font en deniers ou en pouces les $\frac{5}{6}$ d'un
fol ou d'un pied, je n'ay qu'à multiplier 5 par
12, & diviser leur produit 60 par 6, afin d'a-
voir 10 deniers ou 10 pouces égaux à la fraction
proposée. Ainsi les $\frac{3}{8}$ d'une livre de poids en
onces font 6 onces, qui se trouvent en multi-

V iij

pliant 3 par 16 & divifant le produit par 8.

CHAPITRE IV.

Reduction des Fractions de fraction.

COMME les fractions font les parties de l'entier où de l'unité que l'on fuppofe avoir êté divifée, Ainfi les fractions de fraction font les parties d'une fraction qui auroit aufsi êté divifée. Comme fi l'on fupofoit que la moitié d'un entier fût partagée en cinq, & que l'on prît trois de ces parties, il faudroit les exprimer par ces caracteres $\frac{1}{2}\frac{3}{5}$ trois cinquiémes d'un demi qui marquent les $\frac{3}{5}$ de $\frac{1}{2}$. Ainfi $\frac{3}{4}\frac{5}{7}$ cinq feptièmes de trois quarts, veulent dire que les trois quarts d'un entier ayant êté divifés en fept parties, on en a pris trois.

Or ces fortes de fractions de fraction fe reduifent facilement en fractions fimples, ou fractions d'entier, en multipliant leurs termes homologues l'un par l'autre, c'eft à dire les numerateurs par les numerateurs, & les denominateurs par les denominateurs. Ainfi ayant propofé cette fraction de fraction $\frac{1}{2}\frac{3}{5}$ fi vous multipliés les deux numerateurs 3 & 1; & les deux denominateurs 5 & 2 enfemble, vous aurés cette fraction $\frac{3}{10}$ égale à la fraction de fraction propofée, & vous pourrés dire que

les trois dixièmes parties d'un entier , sont
égales aux trois cinquiémes parties de sa moi-
tié. Ainsi cette fraction de fraction $\frac{3}{4}$ $\frac{5}{7}$ se re-
duit à cette fraction d'entier $\frac{15}{28}$, en multipliant les numerateurs 3 & 5 , & les denominateurs 4 & 7 ensemble, & ainsi du reste.

Où il est à remarquer qu'aux fractions de
fraction, il n'importe laquelle des deux vous
nommiés la premiere ; parce qu'elles sont toûjours égales en quelque façon que vous le pre-
niés. C'est à dire qu'au premier exemple il est
indifferent que vous disposiés vôtre fraction ou
en cette maniere $\frac{1}{3}$ $\frac{3}{5}$ qui veut dire les trois
cinquiémes d'un tiers, ou bien en celle-ci $\frac{3}{5}$ $\frac{1}{3}$
qui est le tiers de trois cinquiémes , car l'un &
l'autre est égale. Ainsi $\frac{3}{4}$ $\frac{5}{7}$ les cinq septièmes
de trois quarts, sont égaux à $\frac{5}{7}$ $\frac{3}{4}$ c'est à dire
aux trois quarts de cinq septiémes. Et $\frac{3}{5}$ $\frac{2}{3}$ les
deux tiers de trois cinquièmes, sont égaux à $\frac{2}{3}$ $\frac{3}{5}$
aux trois cinquièmes de deux tiers. Et ainsi des
autres.

CHAPITRE V.

ALGORITME DES FRACTIONS.

Addition des Fractions.

IL faut premierement reduire à un même de-
nominateur toutes les fractions proposées

à ajouter , & faisant une somme de tous les numerateurs, la prendre pour numerateur d'une fraction, laquelle avec le denominateur commun, sera égale à toutes les fraction proposées à ajouter.

Ainsi pour ajouter $\frac{1}{2}$ & $\frac{2}{3}$ il faut premierement les reduire sous un même denominateur à ces fractions $\frac{3}{6}$ & $\frac{4}{6}$; puis ajoutant les numerateurs 3 & 4 ensemble , vous avés 7 pour numerateur, qui avec le denominateur commun 6, fait la fraction $\frac{7}{6}$, ou plûtôt $1\frac{1}{6}$ en divisant 7 par 6 , égale aux deux proposées $\frac{1}{2}$ & $\frac{2}{3}$. Ainsi pour ajouter, $\frac{4}{7}$ & $\frac{5}{6}$ reduisés les à $\frac{24}{42}$ & $\frac{35}{42}$; puis ajoutés les numerateurs 24 & 35 pour avoir 59 pour numerateur de la fraction $\frac{59}{42}$ ou plûtôt $1\frac{17}{42}$ égale aux deux proposées $\frac{4}{7}$ & $\frac{5}{6}$. Ainsi pour ajouter ces trois fractions $\frac{1}{3}$ $\frac{3}{4}$ $\frac{5}{7}$ qui reduites sous un même denominateur sont $\frac{28}{84}$ $\frac{63}{84}$ $\frac{60}{84}$, il ne faut qu'ajouter les trois numerateurs 28, 63, 60 ensemble , & prendre leur somme 151 pour le numerateur de la fraction $\frac{151}{84}$, ou plûtôt $1\frac{67}{84}$ que sera égale à la somme des trois $\frac{1}{3}$ $\frac{3}{4}$ $\frac{5}{7}$.

S'il y a des entiers & des fraction à ajouter ensemble , il faut premierement trouver la somme des fractions & la joindre à celle des entiers. Comme pour $7\frac{5}{9}$ à $46\frac{3}{4}$, j'ajoute premierement les deux fractions $\frac{5}{9}$ $\frac{3}{4}$ qui reduites à même de-

$$
\begin{array}{lcc}
7\frac{5}{9} & \underline{\quad\quad} & \frac{20}{36} \\
46\frac{3}{4} & \underline{\quad\quad} & \frac{27}{36} \\
\hline
53 & & \frac{47}{36} \\
& 1\frac{11}{36} & \\
\hline
& 54\frac{11}{36} &
\end{array}
$$

nominateur

nominateur font $\frac{20}{36}$ $\frac{27}{36}$ & qui font enfemble $\frac{47}{36}$
c'eft à dire $1\frac{11}{36}$; que je joins à la fomme des
entiers 53 , pour avoir 54 $\frac{11}{36}$ égale à la fomme
des deux propofées.

CHAPITRE VI.

Souftraction des Fractions.

LES fractions êtant reduites à un même denominateur ; ôtés le numerateur de la fraction que vous voulés fouftraire du numerateur
de l'autre fraction, & vous aurés le numerateur
d'une troifiéme fraction qui, fur le même denominateur, fera le refte de la fouftraction , ou
la difference des deux fractions propofées.

Comme pour fouftraire $\frac{2}{3}$ de $\frac{3}{4}$ je les reduis
fous un même denominateur à ces fractions $\frac{8}{12}$
$\frac{9}{12}$; Et ôtant le numerateur 8 de la fraction qui
doit être fouftraite du numerateur 9
de l'autre fraction, il refte 1 qui, avec
le denominateur commun 12, fait la
fraction $\frac{1}{12}$ égale au refte de la fouftraction de la fraction $\frac{2}{3}$ de $\frac{3}{4}$. Ainfi
pour fouftraire $\frac{8}{13}$ de $\frac{5}{7}$, ou fous un même denominateur $\frac{56}{91}$ de $\frac{65}{91}$ il ne faut qu'ôter
le numerateur 56 du numerateur 65,
& prendre le refte 9 pour numera-
teur de la fraction $\frac{9}{91}$ qui fous le de-

$$\frac{2}{3} \quad \frac{3}{4}$$
$$\frac{8}{12} \quad \frac{9}{12}$$
$$\frac{1}{12}$$

$$\frac{8}{13} \quad \frac{5}{7}$$
$$\frac{56}{91} \quad \frac{65}{91}$$
$$\frac{9}{91}$$

nominateur commun, 91 eft le refte de la fouftraction , c'eft à dire la difference des deux
données $\frac{8}{13}$ & $\frac{5}{7}$.

Pour fouftraire une fraction d'un nombre entier , prenés une unité de l'entier , & la reduifant en fraction fous le denominateur de celle
qu'il faut fouftraire ; ôtés de fon numerateur le
numerateur qui doit être fouftrait, le refte fera
le numerateur d'une fraction qui, fous le même
denominateur êtant jointe à l'entier moins 1,
eft le refte de la fouftraction. Ainfi pour ôter
$\frac{4}{7}$ de 9 ; il faut prendre 1 de l'entier 9 , & le reduifant en fraction
fous le denominateur de l'autre
c'eft à dire $\frac{7}{7}$; ôtés de fon numerateur 7 le numerateur 4 de la
fraction à fouftraire, & faifant du refte 3 le numerateur d'une fraction $\frac{3}{7}$ fous le même denominateur 7 , ajoutés-là au nombre entier 9
moins 1, c'eft à dire 8 & vous aurés 8 $\frac{3}{7}$ refte de
la fraction $\frac{4}{7}$ fouftraite de 9.

$$\begin{array}{cc} & 9 \\ \frac{4}{7} & 8\ \frac{7}{7} \\ \hline & 8\ \frac{3}{7} \end{array}$$

Si les nombres propofés à fouftraire font tous
deux entiers accompagnés de fraction , il faut
ôter la fraction de la fraction fi elle peut-être
ôtée & l'entier de l'entier. Ou fi la fraction du
nombre à fouftraire eft plus grande que l'autre,
il faut emprunter 1 fur l'entier & le reduire en
fraction fous le denominateur commun des autres ; & faire le refte de la fouftraction comme

en la regle des entiers. C'eft à dire qu'il faut
ôter le numerateur de la fraction à fouftraire
du numerateur de celle qui eft faite de l'unité,
& ajouter au refte le numerateur de l'autre fraction, pour avoir celui de la fraction qui refte,
laquelle il faut ajouter à ce qui refte de la fouftraction des entiers.

Comme pour fouftraire 9
$\frac{3}{5}$ de 13 $\frac{2}{3}$. Je reduis premierement les fractions à un
même denominateur, & j'ay
les nombres 9 $\frac{2}{15}$ à ôter de 13
$\frac{10}{15}$ après quoy ôtant le numerateur 9 du numerateur 10 il refte 1 pour numerateur de la fraction $\frac{1}{15}$, laquelle ajoutée à 4 refte de la fouftraction des entiers font 4 $\frac{1}{15}$ pour la difference des deux propofés 13 $\frac{2}{3}$ & 9 $\frac{3}{5}$.

$$13\ \tfrac{2}{3} \longrightarrow \tfrac{10}{15}$$
$$9\ \tfrac{3}{5} \longrightarrow \tfrac{9}{15}$$
$$4 \qquad\qquad \tfrac{1}{15}$$

Mais fi les nombres pro-
pofés êtoient 27 $\frac{3}{4}$ à fouftraire de 35 $\frac{1}{3}$; c'eft à dire
27 $\frac{9}{12}$ de 35 $\frac{4}{12}$; où le numerateur 9 de la fraction à fou-
ftraire eft plus grand que 4,

$$35\ \tfrac{1}{3} \longrightarrow \tfrac{12}{12} \longrightarrow \tfrac{4}{12}$$
$$27\ \tfrac{3}{4} \longrightarrow \tfrac{9}{12}$$
$$7 \qquad\qquad\qquad \tfrac{7}{12}$$

numerateur de l'autre fraction ; j'emprunte pour
ce fujet 1 fur l'entier 35 qui vaut $\frac{12}{12}$ & ôtant du
numerateur 12 le numerateur 9 de la fraction à
fouftraire, refte 3 qui, avec le numerateur 4 de
l'autre fraction, font 7 qui fera le numerateur de
la fraction qui refte $\frac{7}{12}$. Puis ôtant 27 de 35

X ij

moins 1 , c'eſt à dire 34 reſte 7 ; Ainſi j'ay $7\frac{7}{12}$ pour la difference des deux nombres propoſés à ſouſtraire $27\frac{3}{4}$ de $35\frac{1}{3}$.

La preuve de la ſouſtraction des fractions eſt la même que celle de la ſouſtraction des entiers ; C'eſt à dire qu'ajoutant la fraction qui reſte à celle qui a êté ſouſtraite , il doit venir une fraction égale à celle de qui la ſouſtraction a êté faite. Ainſi dans les exemples precedens $\frac{1}{12}$ ajouté à $\frac{8}{12}$ ou $\frac{2}{3}$ fait $\frac{9}{12}$ c'eſt à dire $\frac{3}{4}$. Et $\frac{9}{91}$ ajoutés à $\frac{56}{91}$ ou $\frac{8}{13}$ font $\frac{65}{91}$ c'eſt à dire $\frac{5}{7}$. Ainſi 8 $\frac{3}{7}$ ajoutés à $\frac{4}{7}$ font 9. Ainſi $4\frac{1}{15}$ ajoutés à $9\frac{9}{15}$ ou $9\frac{3}{5}$ font $13\frac{10}{15}$ c'eſt à dire $13\frac{2}{3}$. Ainſi $7\frac{7}{12}$ & $27\frac{9}{12}$ ou $27\frac{3}{4}$, font $34\frac{16}{12}$ c'eſt à dire $35\frac{1}{3}$ & ainſi des autres.

CHAPITRE VII.

Multiplication des Fractions.

LE produit de deux fractions multipliées l'une par l'autre , eſt une fraction dont le numerateur eſt le produit de la multiplication des deux numerateurs , & le denominateur produit de celle des deux denominateurs. Ainſi pour multiplier $\frac{2}{3}$ par $\frac{3}{4}$, il faut multiplier les numerateurs 2 & 3 pour avoir le numerateur 6, & les denominateurs 3 & 4 pour avoir

$\frac{2}{3}$ $\frac{3}{4}$

$\frac{6}{12}$

$\frac{1}{12}$

le denominateur 12 de la
fraction $\frac{6}{12}$ ou $\frac{1}{2}$ en moindres termes , laquelle est le
produit des deux fractions
$\frac{2}{3}$ & $\frac{1}{4}$ multipliées l'une par
l'autre. Ainsi $\frac{7}{9}$ multipliés
par $\frac{3}{5}$ font $\frac{21}{45}$ pour leur produit , en multipliant 7 par 3 , & 9 par 5 , ou en
moindres termes $\frac{7}{15}$. Ainsi $\frac{8}{13}$ multipliés par $\frac{11}{17}$ font
$\frac{88}{221}$. Et ainsi du reste.

Pour multiplier un entier par une fraction ,
ou une fraction par un entier , (car c'est la même chose ,) l'entier multiplié par le numerateur
de la fraction produit le numerateur d'une autre , qui sur le même denominateur est le produit
de la multiplication de l'entier & de la fraction.
Ainsi 6 multiplié
par la fraction $\frac{2}{3}$, 6
produit cette autre
fraction $\frac{12}{3}$ laquel-
le reduite donne 4. Ainsi 8 multiplié par $\frac{5}{6}$ produit $\frac{40}{6}$ c'est à dire $6\frac{2}{3}$.

Quand on a des entiers accompagnés de fractions à multiplier , le plus court est de reduire les entiers en fractions sur les denominateurs de celles qui les accompagnent ; & multiplier les numerateurs ensemble , puis les denominateurs afin d'avoir , par le produit de ces
multiplications, le numerateur & le denomina-

teur d'une autre fraction, qui fera le produit de la multiplication que l'on cherche. Comme fi l'on vouloit multiplier 46 $\frac{2}{3}$ par 23 $\frac{7}{11}$;
il faudroit premiere-
ment multiplier 46
par 3 & ajouter le nu-

$$46\ \tfrac{2}{3} \qquad 23\ \tfrac{7}{11}$$
$$\tfrac{140}{3} \qquad \tfrac{260}{11}$$
$$\tfrac{36400}{33} \qquad 1103\ \tfrac{1}{33}$$

merateur 2 au produit 138 , afin d'avoir la fra-
ction $\frac{140}{3}$ égale à 46 $\frac{2}{3}$; ainfi multiplier 23 par 11 & ajouter le numerateur 7 au produit 253 pour avoir la fraction $\frac{260}{11}$ égale à 23 $\frac{7}{11}$. Aprés quoy il n'y a qu'à multiplier les numerateurs 140 & 260 l'un par l'autre pour avoir 36400 pour nu-merateur, & multiplier les denominateurs 3 & 11 pour avoir 33 pour denominateur de la fra-ction $\frac{36400}{33}$ ou en moindres termes 1103 $\frac{1}{33}$ (en di-fant 36400 par 33), laquelle eft le produit de la multiplication des deux propofés 46 $\frac{2}{3}$ & 23 $\frac{7}{11}$.

　Ainfi pour multiplier
16 $\frac{1}{2}$ par 9 $\frac{1}{4}$, c'eft à dire
en fraction $\frac{33}{2}$ par $\frac{37}{4}$, je
multiplie 37 par 33, & j'ay
1221 pour numerateur, &

$$16\ \tfrac{1}{2} \qquad 9\ \tfrac{1}{4}$$
$$\tfrac{33}{2} \qquad \tfrac{37}{4}$$
$$\tfrac{1221}{8} \qquad 152\ \tfrac{5}{8}$$

8 qui vient en multipliant 4 par 2, pour deno-minateur de la fraction $\frac{1221}{8}$ c'eft à dire 152 $\frac{5}{8}$, qui eft le produit de 16 $\frac{1}{2}$ multipliés par 9 $\frac{1}{4}$.

CHAPITRE VIII.

Division des Fractions.

POur diviser une fraction par une autre, CHAP. VIII.
Division des
fractions. il faut multiplier le numerateur de celle qui est à diviser par le denominateur de l'autre pour avoir le numerateur; puis le denominateur de la même à diviser par le numerateur de l'autre pour avoir le denominateur d'une fraction, qui sera le quotient de la Division des deux fractions proposées.

Comme si l'on propose $\frac{3}{4}$ à diviser par $\frac{1}{2}$, je multiplie 3 numerateur de la fraction à di-

$$\frac{3}{4} \qquad \frac{1}{2}$$
$$\frac{6}{4} \qquad 1\frac{1}{2}$$

viser par 2 denominateur de l'autre fraction, pour avoir 6 pour numerateur; puis je multiplie 4 denominateur de la même fraction à diviser par 1 numerateur de l'autre fraction, pour avoir 4 denominateur de la fraction $\frac{6}{4}$ ou $\frac{3}{2}$ c'est à dire $1\frac{1}{2}$, qui est le quotient de la division de la fraction $\frac{3}{4}$ par $\frac{1}{2}$.

S'il falloit au contraire diviser $\frac{1}{2}$ par $\frac{3}{4}$ je multiplierois 1 numerateur de la fraction à divi-

$$\frac{1}{2} \qquad \frac{3}{4}$$
$$\frac{4}{6} \qquad \frac{2}{3}$$

ser par 4 denominateur de l'autre pour avoir le numerateur 4, puis multipliant 2 denominateur de la même fraction à diviser par 3 numerateur

Liv. II. Chap. VIII. Division des fractions.

de l'autre, j'aurois 6 pour denominateur de la fraction $\frac{4}{6}$ ou $\frac{2}{3}$ quotient de la division de la fraction $\frac{1}{2}$ par $\frac{3}{4}$.

Pour diviser une fraction par un entier, il faut prendre le numerateur de la fraction à diviser pour numerateur de celle du quotient, & le produit de la multiplication du denominateur par l'entier pour denominateur. Ainsi pour diviser $\frac{3}{4}$ par 9. Je prens 3 numerateur de la fraction à diviser pour numerateur, & 36 qui vient de la multiplication du denominateur 4 par l'entier 9 pour denominateur de la fraction $\frac{3}{36}$ ou $\frac{1}{12}$, quotient de la division de $\frac{3}{4}$ par 9. Ainsi pour diviser $\frac{5}{6}$ par 16, le numerateur 5 de la fraction à diviser est le numerateur, & le denominateur est 96, produit de la multiplication du denominateur 6, par l'entier 16 de la fraction $\frac{5}{96}$ quotient de la division $\frac{5}{6}$ par 16.

$\frac{3}{4}$		9
$\frac{3}{36}$		$\frac{1}{12}$

$\frac{5}{6}$	16
$\frac{5}{96}$	

Si l'on veut au contraire diviser un entier par une fraction il faut multiplier l'entier par le denominateur de la fraction pour avoir le numerateur de celle qu'on demande pour quotient, dont le denominateur sera le numerateur de la fraction qui divise. Comme pour diviser 9, par $\frac{3}{4}$; multipliés l'entier 9 par 4 deno-

9	$\frac{3}{4}$
$\frac{36}{3}$	12

minateur

minateur de la fraction qui divise, & vous aurés 36 pour numerateur , & 3 numerateur de la
fraction qui divise pour denominateur de la
fraction $\frac{36}{3}$ c'est à dire 12, Quotient de la division de 9 par $\frac{3}{4}$. Ainsi pour divi-
ser 16 par $\frac{5}{6}$, je multiplie 16 par
6 & j'ay 96 pour numerateur, &
5 numerateur de la fraction qui
divise, pour denominateur de la
fraction $\frac{96}{5}$ c'est à dire 19 $\frac{1}{5}$ pour le quotient
que l'on cherche.

$$16 \qquad \frac{5}{6}$$
$$\frac{96}{5} \quad 19\;\frac{1}{5}$$

Quand les nombres proposés sont entiers accompagnés de fractions , l'on a plûtôt fait de
les reduire en fractions sous les denominateurs
de celles qui les accompagnent ; puis multiplier
le numerateur de la fraction à diviser, par le denominateur de l'autre pour avoir le numerateur ; Et multiplier le denominateur de la même fraction à diviser, par le numerateur de l'autre pour avoir le denominateur de la fraction,
égale au quotient de la division des nombres
proposés.

Comme pour diviser 152
$\frac{5}{8}$ par 16 $\frac{1}{2}$, je reduis premierement les deux nom-
bres en fractions , c'est à
dire 152 $\frac{5}{8}$ à $\frac{1221}{8}$ & 16 $\frac{1}{2}$ à $\frac{33}{2}$. Puis multipliant
1221 numerateur de la fraction à diviser, par 2
denominateur de la fraction qui divise, j'ay 2442

$$152\;\frac{5}{8} \qquad 16\,\frac{1}{2}$$
$$\frac{1221}{8} \qquad \frac{33}{2}$$
$$\frac{2442}{264} \qquad 9\,\frac{1}{4}$$

Y

pour numérateur; Et multipliant 8 dénominateur de la même fraction à diviser, par 33 numérateur de l'autre fraction, j'ay 264 pour dénominateur de la fraction $\frac{1442}{264}$ laquelle étant reduite fait $9\frac{1}{4}$ pour quotient de la division de $152\frac{5}{8}$ par $16\frac{1}{2}$.

La preuve de la division des fractions est la multiplication comme aux nombres entiers, & celle de la multiplication est la division. C'est à dire que si l'on multiplie le quotient d'une division par la fraction qui à divisé, le produit doit être égal à la fraction divisée. Et au contraire si l'on divise le produit de la multiplication de deux fractions par l'un des deux, le quotient doit être égal à l'autre.

Ainsi dans les exemples de la division si l'on multiplie $1\frac{1}{2}$ ou $\frac{3}{2}$ quotient par le diviseur $\frac{1}{2}$, le produit sera égal au divisé $\frac{3}{4}$. Ainsi multipliant le quotient 12 ou $\frac{36}{3}$ par le diviseur $\frac{3}{4}$, le produit sera $\frac{36}{4}$ ou 9 égal au divisé. Multipliés le quotient $19\frac{1}{5}$ ou $\frac{96}{5}$ par le diviseur $\frac{5}{6}$ le produit sera $\frac{96}{6}$ ou 16 égal au divisé. Multipliés le quotient $\frac{1}{12}$ par le diviseur 9, le produit est $\frac{9}{12}$ ou $\frac{3}{4}$ égal à la fraction divisée. Multipliés le quotient $\frac{5}{96}$ par le diviseur 16, le produit $\frac{80}{96}$ ou $\frac{5}{6}$ est égal à la fraction divisée. Et ainsi des autres.

Aux exemples de la multiplication. Divisés le produit $\frac{1}{2}$ par l'une des fractions multipliées comme par $\frac{3}{4}$, le quotient sera l'autre $\frac{2}{3}$. Divisés le produit $\frac{7}{15}$ des deux fractions $\frac{7}{9}$ & $\frac{3}{5}$ par $\frac{3}{5}$, le quotient sera $\frac{7}{9}$. Le produit 4 fait de 6 par $\frac{2}{3}$ étant divisé par 6, donne au quotient $\frac{2}{3}$, Et le quotient sera 6, si le produit 4 est divisé par $\frac{2}{3}$. Divisés 6 $\frac{2}{3}$ produit de la multiplication de $\frac{5}{6}$ & de 8 par $\frac{5}{6}$, le quotient sera 8 ; & il sera $\frac{5}{6}$ s'il est divisé par 8. Ainsi du reste.

Au reste il ne faut pas s'étonner de ce que souvent dans la multiplication & dans la division des fractions, il arrive le contraire de ce qui se voit dans la multiplication & la division des entiers ; c'est à dire que le produit de la multiplication de deux fractions, est souvent moindre qu'aucune des fractions qui se multiplient : Comme au contraire que le quotient de la division d'une fraction par une autre, est souvent plus grand que la fraction que l'on divise.

Ce qui vient dans la multiplication de ce que le produit, (ainsi qu'il a été dit dans la definition de la regle,) doit avoir même proportion à l'un des nombres qui se multiplient, que l'autre a à l'unité : Or comme les fractions sont ordinairement moindres que l'unité, le produit de deux fractions doit, en ce cas, estre aussi moindre que les fractions. Ainsi dans la multiplication de ces deux fractions $\frac{1}{2}$ $\frac{2}{3}$, le produit $\frac{1}{3}$ est moindre qu'aucune des deux ; car ce produit étant par exemple à la fraction $\frac{2}{3}$ comme la fraction $\frac{1}{2}$ est à 1 ; la fraction $\frac{1}{2}$ étant moindre que 1 , aussi le produit $\frac{1}{3}$ sera moindre que la fraction $\frac{2}{3}$. Il sera aussi moindre que la fraction $\frac{1}{2}$, comme la fraction $\frac{2}{3}$ est moindre que l'unité.

Le contraire arive dans la division, ou le quotient doit avoir même raison à l'unité, que le nombre divisé a au diviseur : De sorte que toutes les fois que la fraction divisée est plus grande que celle qui a divisé , le quotient est aussi plus grand que l'unité , & par conséquent plus grand que les fractions qui ne sont ordinairement que parties de l'unité. Ainsi divisant $\frac{2}{3}$ par $\frac{1}{2}$ le quotient $\frac{4}{3}$ ou $1\frac{1}{3}$, est plus grand que la fraction divisée $\frac{2}{3}$; parce que ayant même raison à l'unité que la fraction à diviser $\frac{2}{3}$ a à celle qui doit diviser $\frac{1}{2}$; la fraction $\frac{2}{3}$ étant plus grande que la fraction $\frac{1}{2}$, le quotient $1\frac{1}{3}$ sera aussi plus grand que l'unité , & par conséquent plus grand que la fraction $\frac{2}{3}$.

LIVRE TROISIE'ME.

LES REGLES DE PROPORTION.

CHAPITRE PREMIER.

LEs Regles d'Arithmetique, que nous avons Chap. I. enseignées ci-devant, sont celles que l'on appelle vulgairement *l'Algorithme*, qui comprend ce qui se doit necessairement sçavoir pour la pratique d'Arithmetique; & sans quoy il est impossible de faire aucun progrés dans les Mathematiques, dont le proprietés inconnuës ne viennent à nôtre connoissance que par la science que nous pouvons avoir d'ajouter, soustraire, multiplier ou diviser celles que nous connoissons, ou d'en extraire les racines suivant le besoin. De sorte qu'à bien parler, c'est de l'application judicieuse que l'on fait de ces regles, que depend en quelque maniere tout ce qui se fait dans l'étude de ces sciences.

CHAPITRE II.

Regle de Trois simple & directe.

NOus en allons voir de tres beaux exemples dans les regles de proportion, qui nous enseignent le moyen de trouver un nombre qui soit quatriéme proportionel à trois autres nombres donnés. Et c'est pour ce sujet qu'on les appelle Regles de proportion & Regles de trois, ou même Regles d'or à cause de l'excellence de leur usage. Or entre ces regles il y a la regle de trois simple & la composée, la directe & l'inverse, la regle de Compagnie, la regle d'alliage, la regle de fausse position, & celle des progressions.

Dans la regle de trois simple directe, pour trouver à trois nombres donnés un quatriéme proportionel, il ne faut que multiplier le second par le troisiéme & diviser le produit par le premier ; Et le quotient sera le quatriéme que l'on cherche. Comme si à ces trois nombres 2 : 4 : 5 : vous voulés trouver un quatriéme, en sorte que comme 2 est à 4, ainsi 5 soit à celui que vous cherchés : Vous n'avés qu'à multiplier le

2 : 4 : 5 : .

20 2 0 | 10
   ——
   2 2

second 4 par le troisiéme 5, & diviser leur produit qui est 20 par le premier 2, pour avoir au
quotient 10 quatriéme nombre que vous demandés ; car comme 2 est à 4 ainsi 5 est à 10.

La raison de cette pratique est celle-ci : Il
a été demontré dans une des propositions du
septiéme d'Euclide, que quand quatre nombres
sont proportionaux, le produit des deux extre-
mes est égal au produit des deux moyennes ; Et
partant dans ces quatre nombres proportion-
naux 2 : 4 : 5 : 10 ; le produit du
second 4 & du troisiéme 5 qui est
20 est égal au produit du premier
2 & du quatriéme 10. Ainsi dans
la regle de trois, où l'on ne propose que les
trois premiers nombres d'une proportion, si je
multiplie le second par le troisiéme, j'auray un
produit égal à celui du premier que je connois
& du quatriéme que je cherche. Or comme il
a été enseigné ci-devant, que lors que l'on divise le produit fait de deux nombres par l'un
d'eux, l'autre vient au quotient ; il paroît que
je n'ay qu'à diviser le produit du second & du
troisiéme par le premier, pour avoir le quatrième que l'on n'avoit pas. Ainsi divisant 20,
produit du second 4 & du troisiéme 5, & égal
à celui du premier 2 & du quatriéme que je
cherche, par le premier 2 ; j'auray 10 au quotient pour le quatriéme qu'on demandoit.

Liv. III. Chap. II. Regle de trois ſimple & directe.

Ceci étant bien entendu, voici quelques exemples de la Regle de trois ſimple & directe.

La levée de 743 hommes en Alemagne me revient à 8956 : tt que me coutera ſur le même pied la levée de 5648 hommes ? Je diſpoſe mes termes en cette ſorte : Puis multipliant le ſecond ter-

743 hom. 8956 tt 5648 hom.

5648	
71648	5
35824	6 0 0 9 (0 4
53736	5 0 5 8 3 4 8 8 (8 (68080
44780	7 4 3 3 3 3 3
	7 4 4 4 4
50583488	7 7 7

68080 $\frac{48}{743}$

68080 tt 1 ß 3 d.

me 8956 par le troiſiéme 5648, j'ay au produit 50583488, leſquels je diviſe par le premier 743 ; & j'ay au quotient 68080 $\frac{48}{743}$ tt c'eſt à dire 68080 tt 1 ß 3 d.

J'ay payé pour 43 $\frac{2}{3}$ aunes de velours 158 tt 13 ß, je veux ſçavoir ce que 68 $\frac{3}{4}$ aunes me couteront à la même raiſon ? Pour cet effet je reduis les aunes en leurs fractions & les livres en ſols pour avoir la regle en ces termes. Si $\frac{131}{3}$ aunes de velours

$43 \frac{2}{3}$ aun. — 158^{tt} 13 ß — $68 \frac{3}{4}$ aun.

$\frac{131}{3}$ aunes — 3173 ß — $\frac{275}{4}$ aun.

$\frac{872575}{4}$ aun.

4995 ß 7 ₰

249^{tt} 15 ß 7 ₰

velours coutent 3173 ß; que couteront $\frac{275}{4}$ aunes? & multipliant le second terme 3173 par le troi-siéme $\frac{275}{4}$ & divisant le produit $\frac{872575}{4}$ par le pre-mier $\frac{131}{3}$, il vient pour quatriéme terme au quo-tient 4995 ß 7 ₰, c'est à dire 249^{tt} 15 ß 7 ₰ pour le prix de $68 \frac{3}{4}$ aunes de velours.

L'on a remarqué que 17 hommes creusoient par jour 5 toises cubes de fossé; on demande combien 756 hommes en pourront creuser à la même raison? je pose les termes en cette sorte: Puis multipliant le troisiéme ter-me 756 par le se-cond 5, & divi-sant le produit 3780 par le premier 17, j'ay au quotient $222 \frac{6}{17}$ toises cubes, c'est à dire 222 toises & 76 pieds cubes.

$17.$ hom. — 5 to. — 756 ho.

$3780.$

222 to. 76 pi.

CHAPITRE III.

Regles de Trois simples inverses.

QUAND il arrive que le quatriéme nombre que l'on cherche, doive être autant plus grand que le troisiéme des donnés, que le second est plus petit que le premier ; Ou qu'au contraire ce quatriéme doive être d'autant moindre que le troisiéme, que le second est plus grand que le premier : il faut alors se servir de la Regle de Trois que l'on appelle *inverse* pour trouver ce quatriéme nombre. Par laquelle on doit multiplier le premier nombre donné par le second, & diviser leur produit par le troisiéme, pour avoir le quatriéme au quotient. Ce qui se voit en ces exemples.

Les vivres qui sont dans les Magazins d'une forteresse peuvent nourrir la garnison ordinaire de 150 hommes pendant un an ; sur le bruit de l'aproche des ennemis l'on a augmenté la garnison jusqu'à 478 hommes : l'on demande

150. hom. —— 3 6 5 jours —— 4 7 8. hom.

$$1\ 5\ 0$$

$$5\ 4\ 7\ 5\ 0 \mid 1\ 1\ 4\tfrac{1}{2}\ \text{jours}$$

$$4\ 7\ 8 \mid$$

pour combien de temps ils ont de vivres? Où l'on voit que le temps de la durée des vivres, qui est le quatriéme nombre que l'on cherche, doit diminuer à proportion que le nombre des Soldats est augmenté. Aussi reduisant l'année en jours, je dispose les termes de la regle en cette sorte. Si 150 hommes donnent 365 jours, que donneront 478 hommes? Et multipliant le premier nombre 150 par le second 365, j'ay 54750 au produit, lequel étant divisé par le troisiéme 478, donne au quotient 114 $\frac{258}{478}$ pour quatriéme terme, c'est à dire 114 jours & 13 heures.

Il a falu 137 $\frac{1}{2}$ aunes de brocard de $\frac{3}{4}$ d'aune de large pour la tapisserie d'une grande chambre : On demande combien il faudra d'aunes de damas de $\frac{1}{3}$ de large pour en faire une autre? je dispose premierement mes termes en cette sorte ; Si $\frac{3}{4}$ d'aune de large me donnent 137 $\frac{1}{2}$; que me donnera $\frac{1}{3}$ de largeur? Où l'on voit que la largeur diminuant, la quantité des aunes doit augmenter à proportion. Et pour cet effet multipliant le second terme 137 $\frac{1}{2}$ c'est à dire $\frac{275}{2}$ par le premier $\frac{3}{4}$, & divisant le produit $\frac{825}{8}$ par le troisiéme $\frac{1}{3}$; j'ay au quotient pour quatriéme terme $\frac{2475}{8}$, c'est à dire 309 $\frac{3}{8}$, ou comme on parle, 309 aunes & un quart & demi.

$$\frac{3}{4} \longrightarrow 137 \frac{1}{2} \longrightarrow \frac{1}{3}$$
$$\frac{275}{2} \quad \frac{3}{4}$$
$$\frac{825}{8} \times \frac{1}{3}$$
$$\overline{\qquad\qquad\qquad}$$
$$309 \frac{3}{8}$$

Quand le septier de bled vaut 15 ℔, la livre de pain doit valoir 18 deniers ; Et quand le septier vaut 23 ℔, on veut sçavoir ce que doit peser le pain de 18 deniers ? Où l'on voit que la quantité des onces du poids du pain doit diminuer à proportion de l'augmentation du prix du bled. Ainsi ayant disposé mes termes en cette maniere. Si 15 ℔ me donnent une livre c'est à dire 16 onces, que me donneront 23 ℔ ? ainsi je multiplie le premier terme 15 par le second 16 ; & je divise leur produit 240 par le troisiéme 23 pour avoir au quotient 10 onces 2 gros $\frac{1}{2}$ à 8 gros à l'once.

$$15\ ℔ \text{ — } 16 \text{ onces — } 23\ ℔\ ? $$
$$\frac{20}{23}\ \Big|\ 10 \text{ onces } 2\tfrac{1}{2} \text{ gr.}$$

Au reste toute regle de trois inverse devient regle de trois directe en changeant les termes de place ; ensorte que le troisiéme devenant le premier, le premier passe à la place du second, & le second à celle du troisiéme. Comme au premier exemple au lieu de dire, si 150 hommes donnent 365 jours, que donneront 478 hommes ? il faut dire si 478 donnent 150 : que donneront 365 ? Et alors il faudra, comme en la regle directe, multiplier le second par le troisiéme, & diviser le produit par le premier, pour avoir au quotient le même nombre de 114 $\frac{1}{2}$.

CHAPITRE IV.

Regles de Trois compofées.

IL faut fe fervir de Regles de trois compofées
lors que les termes que l'on propofe font mis de
telle maniere, qu'il faut faire quelque operation
pour les reduire au nombre de trois, & à la fim-
plicité de la Regle de trois directe. Ces regles
ont ordinairement cinq termes, dont le premier
& le fecond font couplez, auffi - bien que le
quatriéme & le cinquiéme, quoy qu'ils foient
de differentes efpeces : De forte qu'entre ces cinq
nombres, il y en a toûjours trois principaux &
qui font le fondement de la regle, & deux autres qui ne font qu'acceffoires de deux des principaux aufquels ils font toûjours joints. Pour les
reduire aux trois termes d'une regle de trois
fimple, il faut multiplier ceux qui font couplés
l'un par l'autre & fe fervir de leur produit pour
terme fimple.

Comme en cet exemple. Quinze ouvriers en
fept jours ont fait 23 toifes cubes d'ouvrage :
On demande combien à la même raifon cinquante huit hommes en feront en un mois c'eft
à dire en 30 jours. Ce que je difpofe en cette
maniere. Si 15 hommes en 7 jours donnent 23
toifes, que donneront 58 hommes en 30 jours.

Z iij

15 hom. 7 jours ⸺ 23 to. ⸺ 58 hom. 30 jours.

$$105 \qquad\qquad 1740$$

$$40020 \mid 381\tfrac{1}{17} \qquad\qquad 23$$

$$105 \qquad\qquad 40020$$

$$381\text{ to. }12\tfrac{1}{2}\text{ pi}$$

Où l'on voit que parmi ces cinq Termes, il y
en a deux d'hommes, qui avec celui de l'ouvrage font les trois termes principaux, & deux
de temps couplés à ceux des hommes, dont-ils
ne font qu'acceffoires. Ainfi pour les reduire
en trois termes fimples, il faut multiplier le premier 15 par le fecond 7 pour avoir 105 au produit pour premier terme fimple ; le fecond eft
toûjours 23 troifième terme de la compofée ; &
le troifiéme fimple eft 1740 produit du quatriéme 58 & du cinquiéme 30. De forte que difpo-
fant les trois termes en cette maniere, fi 105
donnent 23 : que donneront 1740 ; il ne refte
plus qu'à multiplier le troifiéme terme 1740 par
le fecond 23, & divifer le produit 40020 par
le premier 105, pour avoir au quotient le nom-
bre 381 $\tfrac{1}{17}$ que l'on cherche, c'eft à dire 381 toifes
& 12 pieds & demi cubes.

Une fomme de cent cinquante fept livres
m'a produit quarante trois fols d'intereft en trois
mois ; je demande ce que me produiront par

an , à la même raison , trois mil sept cens cin- Liv. III.
quante livres , & disposant mes termes en cette Chap. IV.
Régle de trois
composée.

$$157^{tt}\ 3\ \text{mois} \longrightarrow 43\ ß \longrightarrow 3750^{tt}\ 12\ \text{mois.}$$

$$471 \qquad\qquad\qquad 45000$$

$$1935000\ \big(\ 4108\tfrac{132}{471}\ ß \qquad\qquad 43$$

$$471 \qquad\qquad\qquad\qquad 1935000$$

$$205^{tt}\ 8\ ß\ 3\ \text{l.}$$

forte. Si 157^{tt} en 3 mois donnent 43 ß , que
donneront 3750^{tt} en un an , c'est à dire en 12
mois ? Où l'on voit que les trois principaux termes de la regle sont ceux des sommes & celui
de l'interest , & que les deux autres qui sont
ceux du temps , ne sont qu'accessoires de ceux
des sommes qu'ils accompagnent. De sorte que
pour les reduire à trois termes , je multiplie
157 par 3 , dont le produit est 471 mon
premier terme , le second est toujours 43, & le
troisiéme est 45000 produit de 3750 par 12.
Ainsi je dis si 471 font 43 : que feront 45000?
Et multipliant le troisiéme 45000 par le second
43, & divisant le produit 1935000 par le premier
471 ; J'ay au quotient $4108\frac{132}{471}$ en sols pour le
quatriéme nombre que je cherche , c'est à dire
$205^{tt}\ 8\ ß\ 3\ \text{l.}$

Un Balot de hardes pesant trois cens quatre

vingts cinq livres apporté de quinze lieuës d'ici, ma couté quatre francs de port : je veux fçavoir , ce que je payeray pour le port de plufieurs balots qui font à foixante quinze lieuës d'ici & qui pefent cinq mille fept cens foixante huit livres. Ce qui êtant difpofé de cette maniere , fi 385 poids de 15 lieuës coutent 4^{tt} que

$$385 \text{ po. } 15 \text{ l. } - 4^{tt} - 5768 \text{ p. } 75 \text{ l.}$$

$$5775 \qquad\qquad 432600$$

$$1730400 \left(297 \tfrac{5225}{5775} \right. \qquad \begin{array}{r} 4 \\ \hline 1730400 \end{array}$$

$$5775$$

$$297^{tt} \, 18 ß$$

couteront 5768 poids de 75 lieuës ? l'on voit qu'il y a cinq termes dont les trois principaux font ceux des poids & du port, & les deux autres , qui font ceux des diftances, ne font que les acceffoires de ceux des poids qu'ils accompagnent. De forte que pour les reduire à trois termes, je multiplie 385 par 15, & le produit 5775 eft le premier ; le fecond eft toûjours le troifième de la regle compofée qui eft ici 4 ; & le troifième eft 432600 fait de la multiplication de 5768 par 75. Ainfi je puis les difpofer en cette maniere. Si 5775 coutent 4^{tt} que couteront

ront 432600 ? Et multipliant le troifiéme 432600 L I V. I I I.
par le fecond 4 , j'auray au quotient 297 $\frac{1225}{5771}$ C H A P. I V.
pour le quatriéme terme que je cherche , c'eſt Regle de trois
compoſée.
à dire 297 ℔ 18 ß.

Un marchand ne gagne que huit pour cent,
quand il donne la livre de ſa marchandiſe à
15 ß. Il voudroit ſçavoir combien il gagneroit
pour cent s'il la donnoit à ſeize ſols ou a dixhuit
ſols. Pour cet effet il faut ici chercher ce que
la livre coute au marchand par une regle de
trois; en diſant ſi 108 com-
poſés de 100 & du gain 8, $108 \quad 100 \quad 15$
viennent de 100; d'où pro-
viendront 15 ß ? Et multi- $1500 \left(13 \frac{8}{9} \right.$
pliant le fecond 100 par le   ___________
troifiéme 15, puis diviſant le 108

produit 1500 par le premier 108 je trouve 13 $\frac{8}{9}$ ß
au quotient pour le prix de la livre payé par
le marchand. Maintenant ſi de 16 ß qu'il veut
la vendre , on ôte 13 $\frac{8}{9}$ ß , le reſte 2 $\frac{1}{9}$ ß ſera le
profit qu'il fera , ſur chaque livre : De ſorte que
pour ſçavoir ce que cela fait par cent, il ne faut
que faire une autre regle de trois en diſant
13 $\frac{8}{9}$ ß que vaut une livre, donne 2 $\frac{1}{9}$ ß de profit :
Que donneront 100 ? Et reduiſant les termes

$$13 \tfrac{8}{9} \quad 2 \tfrac{1}{9} \quad 100$$
$$125 \quad 19 \quad\quad 1900 \left(15 \tfrac{1}{5} \right.$$
$$\quad\quad\quad\quad\quad\quad\quad 125$$

A a

$$13\tfrac{8}{9} \quad 2\tfrac{1}{9} \quad 100$$

$$125 \quad 19 \qquad\qquad 1900 \left(15\tfrac{1}{5} \right.$$

$$\underline{\qquad\qquad\qquad}$$

$$125$$

entiers , si l'on multiplie le troisiéme 100 par le
second 19, le produit sera 1 9 0 0, qui divisé par
le premier 125 donne au quotient 15 $\tfrac{1}{5}$ pour le
profit que le marchand fera par cent , s'il vend
la livre 16 ß ; Par la même regle on auroit trouvé qu'il gagneroit 29 $\tfrac{3}{5}$ par cent, s'il vendoit la
livre 18 ß.

CHAPITRE V.

Regles de Compagnie.

CEs Regles prennent leur nom de leur
principal usage qui est de sçavoir partager entre des marchands associés le profit ou la
perte qu'ils ont faite en commun à proportion
de ce qu'ils y ont mis. De sorte que toute la regle
ne consiste qu'à diviser un nombre en la proportion de certains nombres donnés : Ce qui se
fait par autant de regles de trois qu'il y a de
ces nombres donnés. Entre lesquelles il y en a
de simples, c'est à dire de celles qui n'ont que
trois termes , & de composées qui en ont cinq
& qu'il faut reduire à trois, comme nous avons

dit en l'explication des Regles de trois com-
poſées.

Voici des exemples de la regle de Compagnie
ſimple ; dans laquelle il faut ajouter tous les
nombres donnés enſemble & ſe ſervir de leur
ſomme pour premier terme de toutes les regles
de trois, le ſecond terme eſt toûjours la ſomme propoſée à diviſer, & le troiſiéme dans chacune des operations eſt un des nombres donnés, auquel doit repondre le quatriéme terme
que l'on cherche. Et ſi la regle eſt bien faite,
la ſomme de tous les quatriémes termes ajoutés enſemble, doit être égale à celle que l'on
propoſe à diviſer.

Le Roy a envoyé deux millions ſept cens
ſoixante huit mille livres en Alemagne pour y
être employée de maniere que donnant une
part à l'Infanterie, il y en ait trois pour la Cavallerie, une & demi pour l'artillerie, une demi pour les Fortifications, & cinq parties pour
les vivres. On demande ce que chacun doit
avoir ? Pour cet effet il faut ajouter toutes ces
parts enſemble qui font 11; Puis faire autant de
regles de trois qu'il y a de parts, dont le premier terme eſt toûjours 11 c'eſt à dire la ſomme des parts, le ſecond toûjours 2768000 livres c'eſt
à dire la ſomme à diviſer, & le troiſiéme en
chaque regle eſt chacune des parts : De ſorte
que l'on pourra toujours dire ſi 11 donne

1. Infanterie	251636 ^{tt}	7 ß	3 ₰
3. Cavallerie	754909.	1.	10.
1 $\frac{1}{2}$ Artillerie	377454.	10.	11.
$\frac{1}{2}$ Fortificat.	125818.	3.	8.
5. Vivres	1258181.	16.	4.

11 : 2768000 :

2768000 ^{tt}

2768000 : que donnera 1 ? ou 3 ? ou 1 $\frac{1}{2}$? ou $\frac{1}{2}$?
ou 5 ? Et multipliant le troifiéme 1 par le fecond
2768000 , & divifant leur produit par le premier 11 ; l'on aura pour quatrième terme de la
premiere regle 251636 ^{tt} 7 ß 3 ₰ pour l'Infanterie. Ainfi multipliant le même 2768000 par 3 &
divifant le produit 8304000 par 11, l'on aura
754909 ^{tt} 1 ß 10 ₰ pour la Cavallerie. Ainfi
multipliant 2768000 par 1 $\frac{1}{2}$ & divifant le produit 4152000 par 11, l'on aura 377454 ^{tt} 10 ß 11 ₰
pour l'Artillerie. Ainfi multipliant 2768000 par
$\frac{1}{2}$ & divifant le produit 1384000 par 11 ; l'on
aura 125818 ^{tt} 3 ß 8 ₰ pour les Fortifications. Et
enfin multipliant 2768000 par 5, & divifant le
produit 13840000 par 11, l'on aura 1258181 ^{tt} 16 ß
4 ₰ pour les vivres. Et par ce moyen ma regle
eft achevée, laquelle eft bonne fi toutes ces
fommes trouvées, ajoutées enfemble, font égales
à la fomme propofée à divifer.

Alexandre le grand difoit un jour, j'ay deux ans plus qu'Epheſtion; Et moy, dit Clitus, j'ay quatre ans plus que vous deux · ſur quoy Calliſtene ſe prit à ſoupirer & à dire ; vous me faites ſouvenir par vos trois ages de celui qu'avoit mon pere quand il eſt mort , qui êtoit de quatre vingts ſeize ans. On demande l'age d'Alexandre & des autres ? Pour cet effet il faut premierement conſiderer que l'age d'Alexandre ſurpaſſe de 2 ans celui d'Epheſtion ; & que celui de Clitus ſurpaſſant de 4 ans ceux d'Alexandre & d'Epheſtion enſemble, il excede de 6 ans le double de celui d'Epheſtion; Si donc on ôte ces deux excés 2 & 6, c'eſt à dire 8 du nombre total 96, le reſte 88 ſera égal au quadruple de l'age d'Epheſtion ; Et partant ſi l'on diviſe 88 par 4 ; l'on aura 22 ans pour l'age d'Epheſtion; Et ajoutant 2, l'on aura 24 ans pour celui d'Alexandre ; Et les deux enſemble êtant 46, ſi l'on y ajoute 4 l'on aura 50 pour l'age de Clitus ; Et les trois enſemble font l'age de 96 ans qu'avoit le pere de Calliſtene à ſa mort.

$$
\begin{array}{ll}
22 & \text{Epheſtion} \\
24 & \text{Alexandre} \\
50 & \text{Clitus.} \\
\hline
96 &
\end{array}
$$

Un homme en mourant laiſſe cinquante mil livres de bien à partager ſuivant ſon teſtament à ſes deux enfans & à ſa veuve , de telle ſorte que l'ainé ait un quart plus que le cadet , & la

veuve une moitié plus que le même cadet &
8000 livres au pardessus. On demande ce que
chacun doit avoir pour sa part ? Pour cet effet
il faut premierement ôter 8000 livres que la
veuve doit prendre sur les 50000 livres, ainsi le
reste 42000 livres est à partager suivant la proportion de chacun en cette maniere. Au cadet
une part, à l'ainé une part & un quart, & à la
veuve une part & demi ; c'est à dire en nom-

$$15: \quad 42000: \begin{cases} \text{au cadet} - 1 - 4 - 11200^{tt} \\ \text{à l'ainé} - 1\frac{1}{4} - 5 - 14000 \\ \text{à la veuve} - 1\frac{1}{2} - 6 - 16800 \end{cases}$$

$$15 - 42000$$

bres entiers au cadet 4, à l'ainé 5, & à la veuve
6, qui font ensemble 15 ; qui fera le premier
terme de toutes les regles de trois qu'il faut
faire, le second est aussi toûjours la somme à
diviser 42000 livres, & le troisiéme en chaque
regle est chacune des parts données. Ainsi l'on
pourra toujours dire, si 15 donnent 42000 : que
donnera 4 ? ou 5 ? ou 6 ? Desorte que multipliant
le second terme 42000 par un troisiéme 4, &
divisant le produit 168000 par le premier 15,
l'on aura 11200 livres pour la part du cadet. Et
multipliant 42000 par 5, & divisant le produit 210000 par 15, l'on aura 14000 pour la part

de l'aîné. Ainsi multipliant 42000 par 6 , & divisant le produit 252000 par 15, l'on aura 16800 livres pour la part de la veuve : Et ces trois parts ajoutées ensemble font 42000 livres ; Aquoy si l'on joint les 8000 livres que la veuve à deu prendre au pardessus, l'on aura les 50000 livres proposés à diviser, & la veuve aura en tout 24800 livres.

Trois marchands chargent un navire à frais communs : le premier y met pour 3250 livres de marchandises ; le second pour 8900 livres, & le troisiéme pour 7560 livres. Il arrive que le vaisseau se trouvant surpris d'un mauvais temps à la mer , on est contraint d'y jetter une partie de plus grosses marchandises estimées à 2780 livres que les marchands doivent payer à proportion de leur chargement. On demande ce que chacun d'eux doit payer ? Pour cet effet ajoutés les trois sommes ensemble & prenés leur somme 19710 pour le premier terme de

$$19710 : 2780 : \begin{cases} 1^e \; —— \; 3250^{tt} \; —— \; 458^{tt} \; 8\beta \\ 2^e \; —— \; 8900 \; —— \; 1255 \quad 6 \\ 3^e \; —— \; 7560 \; —— \; 1066 \quad 6 \end{cases}$$

$$19710^{tt} \qquad 2780^{tt}$$

toutes les regles de trois , le second est la perte à partager 2780 livres ; & le troisiéme dans cha-

$$19710 : 2780 : \begin{cases} 1^e - 3250^{tt} - 458^{tt}\ 8ß \\ 2^e - 8900\ -\ 1255\ \ 6 \\ 3^e - 7560\ -\ 1066\ \ 6 \end{cases}$$

$$19710^{tt} - 2780^{tt}$$

cune est la somme des chargemens. Ainsi l'on pourra dire si 19710 donnent 2780, que donneront 3250? ou 8900? ou 7560?. De sorte que multipliant le second 2780 par le troisième 3250, & divisant le produit 9035000 par le premier 19710 l'on aura 458^{tt} 8 ß pour la part que le premier doit payer. Ainsi multipliant 2780 par 8900 & divisant le produit 24742000 par 19710, l'on aura 1255^{tt} 6 ß pour la part du second; Et multipliant 2780 par 7560, & divisant le produit 21016800 par 19710, l'on aura 1066^{tt} 6 ß pour la part du troisième. Et toutes ces parts font ensemble égales à la perte de 2780 livres.

Un homme faisant banqueroute laisse seulement 5750^{tt} d'effets qu'il faut partager à ses Creanciers au sol la livre. La debte du premier est de 760 livres. Celle du second 380 livres. Celle du troisième 6208 livres. Et celle du quatriéme 2754 livres. On demande ce que chacun doit prendre à proportion de son deu? Pour cet effet ajoutés toutes les debtes en une somme qui est de 10102 que vous aurés pour premier terme

de

$$10102 : 5750 : \begin{cases} 1^{er} \longrightarrow 760^{tt} \longrightarrow 432^{tt}\ 11\,\text{ß}\ 9\,\text{\&} \\ 2^{e} \longrightarrow 380 \longrightarrow 216\quad 5\quad 10 \\ 3^{e} \longrightarrow 6208 \longrightarrow 3533\quad 11\quad 2 \\ 4^{e} \longrightarrow 2754 \longrightarrow 1567\quad 11\quad 3 \end{cases}$$

$$10102 \longrightarrow 5750^{tt}$$

de toutes vos regles de trois ; Le second est la somme de 5750 livres à partager ; Et le troisié-me dans chaque operation est la somme de la creance. Ainsi l'on peut dire si 10102 donnent 5750 ; que donneront 760 ? ou 380 ? ou 6208 ? ou 2754 ? De sorte que multipliant le second 5750 par le troisiéme 760, & divisant le produit 4370000 par le premier 10102 ; l'on aura 432^{tt} 11 ß 9 & pour la part du premier. Ainsi multi-pliant 5750 par 380 & divisant le produit 2185000 par 10102 ; l'on aura 216^{tt} 5 ß 10 & pour la part du second. Ainsi multipliant 5750 par 6208 & divisant le produit 17516000 par 10102 ; l'on aura 3533^{tt} 11 ß 2 & pour la part du troisiéme. Enfin si aprés avoir multiplié 5750 par 2754, l'on di-vise le produit 15835500 par 10102 ; l'on aura 1567^{tt} 11 ß 3 & pour le quatriéme ; Et ces qua-tre sommes sont égales à celle de 5750 livres qui reste des effets de la banqueroute.

CHAPITRE VI.

Regle de Compagnie compofée.

VOICI un Exemple de la Regle de Compagnie compofée , dans laquelle il y a quatre termes en toutes les regles de trois qu'il faut reduire à trois , multipliant ceux qui font couplés enfemble pour n'en faire qu'un de deux en chacune des operations, qu'il faut pourfuivre en cette maniere.

Trois marchands on fait bourfe commune pour leur trafic. Le premier y a mis 275 livres pendant fept mois & demi ; Le fecond 763 livres pendant cinq mois & 18 jours ; & le dernier 158 livres pendant deux mois & 21 jours. Ce qui a produit une fomme de 3954 livres de profit, qu'ils voulent partager entr'eux à proportion de leur argent & de leur temps. Pour cet effet il faut premierement mettre les mois en jours en les multipliant par 30 : Ainfi 7 $\frac{1}{2}$ mois du premier font 225 jours ; les cinq mois & 18 jours du fecond font 168 jours ; Et les deux mois & 21 jours du troifiéme , font 81 jours. Puis multipliant les livres & les jours, qui font les termes couplés l'un par l'autre , c'est à dire 275 livres par 225 jours , vous aurés 61875 pour la fomme du premier. Ainfi multipliant

$$
275^{tt} \quad 225 \text{ jours.}
$$

$$
202857 : 3954 \left\{
\begin{array}{l}
1^{e} \text{---} 61875 \text{---} 1206^{tt} \; 10\,\text{l} \\[4pt]
763^{tt} \; 168 \text{ jours.} \\
2^{e} \text{---} 128184 \text{---} 2498 \; 10\,\text{ß} \; 1\,\text{l} \\[4pt]
158^{tt} \; 81 \text{ jours.} \\
3^{e} \text{---} 12798 \text{---} 249 : 9\,\text{ß} \; 1\,\text{l}
\end{array}
\right.
$$

$$
202857 \qquad 3954^{tt}
$$

763 livres par 168 jours , vous aurés 128184 pour celle du second. Et multipliant 158 par 81 jours, vous aurés 12798 pour celle du troisiéme. Et ajoutant toutes ces sommes ensemble, elles font celle de 202857 , qui sera le premier terme de toutes les regles de trois; La somme du profit 3954 sera le second terme; Et chacune des sommes trouvées par la multiplication des livres & des jours, sera le troisiéme terme en chaque operation. Ainsi l'on pourra dire si 202857 donnent 3954 : que donneront 61875 ? ou 128184 ? ou 12798 ? Et partant multipliant le second terme 3954 par le troisiéme 61875, & divisant le produit 244653750 par le premier 202857, l'on aura au quotient 1206^{tt} 10 l pour la part du profit appartenant au premier marchand. Ainsi multipliant 3954 par 128184 & divisant

le produit 506839536 par 202857 , le quotient sera 2498 ℔ 10 ß 1 ₰ pour la part du second. Et multipliant le même 3954 par 12798, & divisant le produit 50603292 par le même 202857 : le quotient sera 249 ℔ 9 ß 1 ₰ pour la part du troisiéme. Et toutes ces parts ajoutées ensemble font la somme du profit 3954.

CHAPITRE VII.

Regles d'Alliage.

LEs Regles d'Alliage servent à conoître quelle doit être la quantité de chacune des choses de differentes valeurs que l'on veut mesler ou allier ensemble, de telle sorte que leur masse devienne d'un prix ou d'une valeur determinée. Ce qui se fait en multipliant les prix ou valeurs qui excedent la proposée , par les differences reciproques des prix ou valeurs qui defaillent de la même , & multipliant les prix ou valeurs qui sont moindres que la proposée, par les differences reciproques des prix ou valeurs qui excedent la même. Comme dans ces exemples.

Un Orfevre a de deux sortes d'argent, dont l'un vaut 28 livres le marc & l'autre 19 livres. Il veut les allier ensemble de maniere que le marc dans la masse soit de 24 livres, & il de-

mande combien il en doit prendre de chaque L i v. I I I.
efpece. Pour cet effet il faut difpofer les prix C h a p. VII.
excedans la propofée au deffus, & les defaillans Regle d'A-
au deffous ; & le propofé à côté entre les uns liage.
& les autres : Puis mettre l'excés 4 du plus grand

28 fur le propofé
24 à côté du de-   28 : 5. 140.
faillant 19 ; Et met-
tre la difference 5 24
du propofé 24 &
du moindre 19 à   19 : 4 76.
côté de l'excedant ——————————
28. Ces differen-   9 216 (24
            9

ces 5 & 4 font les nombres que vous cherchés.
C'eft à dire que prenant 5 marcs de l'argent à
28 livres, & 4 marcs de celui à 19 vous aurés une
maffe de 9 marcs valant 216 livres, dont le marc
vaudra par confequent 24 livres. Car cinq fois
28 livres font 140 livres, & 4 fois 19 livres font
76 livres, qui font enfemble 216 livres, qui divifés par 9, donnent 24 livres pour le marc au
quotient.

Un marchand a de trois fortes de vins qui
valent l'un 8 ß la pinte, l'autre 4 ß & l'autre 3 ß.
Il voudroit fçavoir ce qu'il en doit prendre de
chacun pour les mêler & en faire un tonneau
qu'il pût debiter à 6 ß la pinte. Pour cet effet
mettés le prix excedant 8 au deffus, & les deux
autres defaillans du prix propofé 6 au deffous.

Liv. III. Chap. VII. Regle d'Alliage.

Puis posés l'excés 2 du plus grand 8 sur le proposé 6 à côté de chacun des defaillans 4 & 3; & posés la difference 2 du proposé 6 & du defaillant 4, à côté de l'excedant 8; & la difference 3 du même proposé 6 & du defaillant 3 à côté du même excedant 8. Ces differences seront les nombres que vous cherchés. C'est à dire que prenant 2 & 3 c'est à dire 5 pintes du vin à 8ß, qui vaudront 40ß: 2 pintes du vin à 4 qui vaudront 8ß, & 2 pintes de celui à 3 qui vaudront 6ß, vous aurés 9 pintes valant 54ß, c'est à dire 6ß la pinte comme vous le demandés.

	8.	2. 3.	40	
6				
	4.	2	8	
	3.	2	6	
		9	54	(6
			9	

Maintenant pour en faire un tonneau de 280 pintes au même prix; Vous n'avés qu'à faire une regle de trois composée en disant si 9 donnent 280: que donneront 5? ou 2? ou 2? Et vous

		5	8ß	$155\frac{5}{9}$	244ß	5&
9	280 —	2	4	$92\frac{2}{9}$	248	11
		2	3	$62\frac{2}{9}$	186	8
				280	1680	(6ß
					280	

trouverés qu'il faudra prendre 155 $\frac{5}{9}$ pintes à 8 ß valant 1244 ß 5 ₰ ; 62 $\frac{2}{9}$ pintes à 4 ß valant 248 ß 11 d., & 62 $\frac{2}{9}$ pintes à 3 ß valant 186 ß 8 ₰ ; qui font ensemble la quantité de 280 pintes valant 1680 ß ou 84 livres. C'est à dire à 6 ß la pinte.

Un marchand veut acheter 355 aunes d'étoffe pour le prix de 4260 livres. On lui en montre de cinq sortes qui lui plaisent, sçavoir à 17 livres, à 15 livres, à 11 livres, à 9 livres, à 6 livres l'aune. Il voudroit seulement sçavoir combien il en peut prendre de chacune pour avoir la quantité de 355 aunes & pour l'argent qu'il y veut employer. Pour cet effet il faut premierement sçavoir quel est le prix de l'aune posé que les 355 valent 4260 livres. Ce que l'on fait en divisant 4260 par 355 : Car le quotient 12 est le prix de l'aune que l'on demande. La question est donc de sçavoir combien il doit prendre d'aunes de chaque espece pour faire la quantité de 355 qui reviennent à 12 livres l'une portant l'autre. Pour ce sujet il faut disposer les prix excedans 17 & 15 au dessus du proposé 12, & les defaillans 11 : 9 & 6 au dessous ; & mettre l'exces 5 du premier excedant 17 à côté du cinquiéme defaillant 6 ; & 6 difference du cinquiéme 6 à côté du premier 17 ; Ainsi mettre l'exces 3 du second excedent 15 à côté du quatriéme defaillant 9, & 3 difference du quatriéme 9 à côté du second 15 ; & ainsi mettre l'exces 3

6	17	102	$101\frac{9}{21}$	1724^{tt}		5 ß	9 ₰
3.1	15	60	$67\frac{13}{21}$	1014		5	9
	12						
3	11	33	$50\frac{15}{21}$	557		17	2
3	9	27	$50\frac{15}{21}$	456		8	7
5	6	30	$84\frac{11}{21}$	507		2 ß	10

21 365

21     $\frac{252}{21}$ |12| 355 4260^{tt}

du second 15 à côté du troisiéme defaillant
11 ; & 1 difference du troisiéme 11 à côté du fecond 15. Et par ce moyen vous aurés les nombres que vous cherchés : c'eſt à dire que prenant
6 aunes de drap à 17 livres qui valent 102 livres ;
3 & 1, c'eſt à dire 4 aunes à 15 livres valant 60
livres ; 3 aunes à 11 livres valant 33 livres ; 3 aunes à 9 livres qui valent 27 livres, & 5 aunes à
6 livres valant 30 livres vous aurés la quantité
de 21 aunes valant 252 livres, c'eſt à dire 12 livres l'aune l'une portant l'autre. Maintenant
pour trouver les 355 aunes à la même raiſon, il
ne faut que faire une regle de trois compoſée
en diſant ſi 21 donne 355, que donneront 6 ? ou
4 ? ou 3 ? ou 3 ? ou 5 ? Et vous trouverés que
101 $\frac{9}{21}$ aunes à 17 livres qui couteront 1724 livres
5 ß 9 ₰ ; $67\frac{13}{21}$ aunes à 15 livres valant 1014^{tt} 5 ß
8 ₰ ; $50\frac{15}{21}$ aunes à 11 livres valant 577 livres 17 ß
2 ₰ ; $50\frac{15}{21}$ aunes à 9 livres valant 456 livres 8 ß 7 ₰.

Et

$84\frac{11}{21}$ aunes à 6 livres qui couteront 507 livres 2 ß 10 d., font la quantité proposée de 355 aunes composée des cinq especes de drap & pour le prix proposé de 4260 livres.

Il est à remarquer que ces sortes de regles d'Alliage peuvent être resoluës en autant de differentes manieres que l'on peut comparer les termes excedans avec les differences des defaillans, & les termes defaillans avec les excés des excedans. Comme dans cet exemple outre la resolution que nous venons d'expliquer, l'on peut satisfaire à la question en trois autres differentes manieres. Sçavoir en comparant le premier terme avec le quatriéme, & le second avec le cinquiéme & avec le troisiéme. Auquel cas si on prend $50\frac{15}{21}$ aunes

$$
\begin{array}{lll}
3 & 17 \;\rangle\; 51 & 50\frac{15}{21} \quad 862^{\text{tt}} \quad 3\text{ ß} \\
6.\,1. & 15 \;\rangle\; 105 & 118\frac{7}{21} \quad 1775 \\
21 \quad 355 \quad 3 & \;\;\;\;{}^{12}\;11 \;\rangle\; 33 & 50\frac{15}{21} \quad 557 \quad 17\text{ ß} \\
5 & 9 \;/\; 45 & 84\frac{11}{21} \quad 760 \quad 14 \quad 3\,\text{d.} \\
3 & 6 \;\backslash\; 18 & 50\frac{15}{21} \quad 304 \quad 5 \quad 9 \\
\hline
21 & \dfrac{252}{21} & 12 \quad 355 \quad 4260^{\text{tt}}
\end{array}
$$

à 17 livres qui couteront 862 livres 3 ß ; $118\frac{7}{21}$ aunes à 15 livres valant 1775 livres ; $50\frac{15}{21}$ aunes à 11 livres valant 557 livres 17 ß ; $84\frac{11}{21}$ aunes à

		3	17	51	$50\frac{15}{21}$	862 ᵗᵗ	3 ß	
		6. 1.	15	105	$118\frac{7}{21}$	1775		
21	355	3	11 (12)	33	$50\frac{15}{21}$	557	17 ß	
		5	9	45	$84\frac{11}{21}$	760	14	3 d.
		3	6	18	$50\frac{15}{21}$	304	5	9
21				252	12	355	4260 ᵗᵗ	
				21				

9 livres valant 760 livres 14 ß 3 ₰ & $50\frac{15}{21}$ aunes à 6 livres, qui couteront 304 livres 5 ß 9 d.
L'on aura la même quantité de 355 aunes pour
le même prix de 4260 livres qui reviendront à
12 livres l'aune l'une portant l'autre.

Ou bien en comparant le premier avec le
cinquiéme & avec le troisiéme, & le second
avec le quatriéme. En ce cas si l'on prend $108\frac{1}{23}$

		6. 1	17	119	$108\frac{1}{23}$	1836 ᵗᵗ	14 ß	6 d.
		3	15	45	$46\frac{7}{23}$	694	11	
23	355	5	11 (12)	55	$77\frac{4}{23}$	849		
		3	9	27	$46\frac{7}{23}$	416	14	6
		5	6	30	$77\frac{4}{23}$	463		
23				276	12	355	4260 ᵗᵗ	
				23				

aunes à 17 livres qui couteront 1836 livres 14 ß 6 ℔ ; 46 $\frac{7}{23}$ aunes à 15 livres valant 694 livres 11 ß ; 77 $\frac{4}{23}$ aunes à 11 livres valant 849 livres ; 46 $\frac{7}{23}$ aunes à 9 livres valant 416 ℔ 14 ß 6 ℔ ; Et 77 $\frac{4}{23}$ aunes à 6 livres valant 463 livres , l'on aura la même quantité de 355 aunes pour le même prix de 4260 livres , & qui reviendront par conſequent à 12 livres l'aune l'une portant l'autre.

Ou bien en comparant le premier avec le troiſiéme & avec le quatriéme , & le ſecond avec le cinquiéme. Auquel cas prenant 61 $\frac{17}{23}$ aunes à 17 livres qui couteront 1049 ℔ 10 ß 5 ℔ ; 92 $\frac{14}{23}$ aunes à 15 ℔ valant 1389 ℔ 2 ß 8 ℔ ; 77 $\frac{4}{23}$ aunes

	3. 1	17	68	61 $\frac{17}{23}$	1049 ℔	10 ß	5 ℔
	6	15	90	92 $\frac{14}{23}$	1389	2	8
		1 2					
23 355	5	11	55	77 $\frac{4}{23}$	849		
	5	9	45	77 $\frac{4}{23}$	694	10	5
	3	6	18	46 $\frac{7}{23}$	277	16	6

23   276 | 12 | 355   4260 ℔

23

à 11 livres valant 849 livres ; 77 $\frac{4}{23}$ aunes à 9 livres valant 694 ℔ 10 ß 5 d. & 46 $\frac{7}{23}$ aunes à 6 livres valant 277 ℔ 16 ß 6 d. L'on aura toûjours pour le même prix de 4260 tt, la même quantité de 355 aunes d'étoffe, qui vaudront 12 livres l'aune l'une portant l'autre.

Le Roy veut faire faire un vaze d'or pesant 60 marcs, dont le titre soit de 19 Karats, L'Orfevre n'a d'or que de deux titres, sçavoir de fin à 24 Karats, & d'un autre à 21 Karats. Il demande ce qu'il doit mêler d'argent ou d'autre metal avec son or pour le reduire à 19 Karats ? Pour cet effet il faut placer les deux

$$
\begin{array}{llllll}
 & 19 & 24 & 456 & 25\frac{1}{3} & 608 \\
45: 60: & 19 & 21 & 399 & 25\frac{1}{3} & 532 \\
 & & 19 & & & \\
5.2 & & 0 & 0 & 9\frac{1}{3} & \\
\hline
45 & & 855\,|\,19 & 60 & 1140\,|\,19 & \\
 & & 45 & & 60 &
\end{array}
$$

titres 24 & 21 qui font tous deux excedans au deffus du propofé 19, & mettre o au deffous pour le titre du metail qu'il faut ajôuter. Puis mettre 19 difference du titre propofé 19 & du defaillant o à côté des titres excedans 24 & 21 ; & à côté du defaillant o mettre 5 & 2 differences des titres excedans 24 & 21 & du propofé 19. Ainfi vous aurés les nombres que vous cherchés, c'eft à dire que 19 parties de l'or à 24 Karats ; 19 parties de celui à 21 ; Et 7 parties d'autre metail

font une maſſe de 45 parties, dont le titre ne
ſera que de 19 Karats. Car multipliant 19 par
24, le produit eſt 456 ; & 399 eſt le produit du
même 19 multiplié par 21 ; Qui ajoutés enſemble
font 855 Karats contenus dans la maſſe de 45 parties, qui font que chaque partie eſt de 19 Karats, puiſque diviſant 855 par 45, le quotient eſt
19. Maintenant pour ſçavoir combien il faut,
ſur ce pied, prendre de marcs de chaque eſpece
pour faire le poids du vaſe de 60 marcs, il ne
faut que faire une regle de trois compoſée en
diſant ſi 45 donnent 60, que donneront 19 ? ou
19 ? ou 7 ? & l'on trouvera qu'il faut prendre
25 $\frac{1}{3}$ marcs de 24 Karats ; 25 $\frac{1}{3}$ marcs de 21 Karats ;
& 9 $\frac{1}{3}$ marcs d'autre metail d'Alliage pour avoir
60 marcs peſans d'or du titre de 19 Karats. Car
ſi l'on multiplie les deux titres 24 & 21 par 25 $\frac{1}{3}$,
les produits ſeront 608 & 532 qui ajoutés enſem-
ble font 1140 Karats, contenus dans la maſſe de
60 marcs ; dont le titre eſt par conſequent de 19
Karats, puiſque 1140 diviſés par 60 donnent
19 au quotient.

CHAPITRE VIII.

Regles de faux.

CEs Regles que l'on appelle Regles de faux ou de fausses positions, servent à la solution de plusieurs questions sur les Nombres, & s'appellent Regles de faux, parce que d'une ou de deux suppositions fausses, l'on vient à la conoissance d'un terme que l'on demande. Entre ces Regles il y en a ou l'on ne fait qu'une supposition, que l'on appelle Regles de faux d'une position ; & d'autres où il en faut faire deux, que l'on nomme regles de faux de deux positions. Où il est à remarquer que toutes les questions que l'on resout par la premiere de ces regles, peuvent aussi être resoluës par la seconde ; Mais qu'il y a une infinité de questions que l'on decide par la regle de deux positions, pour la solution desquelles celle d'une seule position est inutile. D'où vient que l'on ne se sert de celle-ci que parce qu'elle est plus courte & plus facile que l'autre pour la resolution seulement des questions qui sont de son étenduë : qui sont celles qui contiennent ou des nombres ou des fractions qui conservent même proportion dans les grands & dans les petits nombres.

Liv. III. Chap. IX. Regle de faux d'une position.

CHAPITRE IX.

Regles de faux d'une poſition.

DANS la queſtion il y a toûjours un nombre donné, & un autre que l'on cherche. Ainſi poſés pour le nombre cherché, tel nombre que vous voudrés, & l'examinant par l'aplication de toutes les conditions determinées dans la queſtion, ſervés vous de ce qui en provient pour premier terme d'une regle de trois, du nombre poſé pour ſecond terme, & du nombre donné pour troiſiéme; Et par la regle vous aurés pour quatriéme terme le nombre que vous cherchés. Comme il ſe voit dans ces exemples.

Un homme laiſſe en mourant ſa femme groſſe, à laquelle il donne les $\frac{3}{5}$ de ſon bien qui ſe monte à 89100 livres & le reſte à ſon enfant ſi c'eſt une fille; mais il ne lui en laiſſe que $\frac{1}{3}$ & le reſte à l'enfant ſi c'eſt un garçon. La femme accouche d'un fils & d'une fille. On de-

/3\ /24300 ₶
11—2—89100 ₶ —16200
\6/ \48600

89100 ₶

$$11 \begin{array}{c} 3 \\ 2 \\ 6 \end{array} \; 89100^{\text{tt}} \begin{array}{c} 24300^{\text{tt}} \\ 16200 \\ 48600 \end{array}$$

$$11 \qquad\qquad 89100^{\text{tt}}$$

mande quelle doit être la part des uns & des
autres suivant les clauses du testament ? Pour
cet effet posons 3 pour la part de la mere;
Celle de la fille, qui ne doit avoir que $\frac{2}{5}$ quand
la mere à $\frac{3}{5}$, sera 2 ; Et celle du fils, qui est $\frac{2}{3}$
quand la mere à $\frac{1}{3}$, c'est à dire qui est double
de celle de la mere, sera 6 ; qui font ensemble
11 , dont il faut faire le premier terme d'une
regle de trois composée ; les seconds termes
font les positions de chaque part ; & le troisiéme est toujours la somme donnée 89100 livres,
En disant si 11 donne ou 3 ou 2 ou 6, que donneront 89100 livres? Et par la regle vous trouverés 24300 livres pour la part de la mere ;
16200 livres pour celle de la fille, & 48600^{tt}
pour celle du fils, qui font égales à la somme
donnée & qui font dans la proportion au desir
du testament.

Je ne vois par la fenestre de ma chambre que
42 pieds du haut des tours Nôtre Dame ; le
reste en bas qui est $\frac{1}{3}$ & $\frac{5}{11}$ de leur hauteur est
caché par le mur de mon voisin : Je demande
quelle est la hauteur entiere des tours ? ou l'on

voit

voit qu'il faut trouver un nombre, duquel ôtant $\frac{1}{3}$ & $\frac{5}{11}$ il refte 42. Pour cet effet & afin d'é-viter les fractions, je prens un nombre, com-me 33, qui puiffe être divifé par 3 & par 11, que je pofe; dont $\frac{1}{3}$ eft 11, & $\frac{5}{11}$ eft 15, qui font enfemble 26 qui ôtés de 33 laiffent 7 : ce qui doit être le premier ter-me de la re-gle de trois: le

		33	198
$\frac{1}{3}$		11	66
$\frac{5}{11}$		15	90
		26	156
		7	42

7 : 33 :   42 :   198 pieds.

fecond eft le nombre pofé 33 : & le troifiéme le nombre donné 42 : en difant fi 7 viennent de 33 : de quel nombre proviendront 42 ? Et je trouve 198 pieds pour la hauteur des tours que je cherche dont $\frac{1}{3}$ eft 66 ; & $\frac{5}{11}$ font 90, qui font enfemble 156, qui ôtés de 198 laiffent le nombre donné 42.

J'ay employé $\frac{1}{3}$ de mon argent en marchan-dife ; $\frac{1}{4}$ en frais; & $\frac{1}{5}$ pour ma depenfe ; De-forte qu'il ne me refte plus que 182 livres. Je veux fçavoir ce que j'avois d'argent & en quoy je l'ay employé ? Où l'on voit qu'il faut trouver un nombre, duquel ayant ôté $\frac{1}{3}$ $\frac{1}{4}$ & $\frac{1}{5}$, il refte 182. Pour cet effet je prens un nombre, comme 60, qui puiffe être divifé par 3, par 4, & par 5, afin d'é-

D d

viter les fractions & je pose 60 : dont $\frac{1}{3}$ est 20 : $\frac{1}{4}$ est 15 : & $\frac{1}{5}$ est 12 : qui ajoutés font 47, les-

	60	840^{tt}
$\frac{1}{3}$	20	280
$\frac{1}{4}$	15	210
$\frac{1}{5}$	12	168
	47	658
	13	182

13 : 60 : 182 : 840.

quels ôtés de 60 , laissent 13 pour premier terme de la regle de trois ; dont le second est le nombre posé 60 ; le troisiéme est le donné 182 ; Et le quatriéme sera 840 livres, qui est celui que l'on cherche pour la somme de tout l'argent ; dont $\frac{1}{3}$ qui est 280 livres a esté employé en marchandise , $\frac{1}{4}$ qui est 210 livres en frais , & $\frac{1}{5}$ qui est 168 en depense, qui font ensemble 658 livres ; & qui ôtés du total 840, font le nombre donné 182 , conformement aux conditions de la question.

CHAPITRE X.

Regles de faux de deux positions.

PRENE's deux nombres differens quels qu'ils soient pour vos positions, & ayant examiné chacun d'eux par l'aplication des conditions determinées dans la question : Voyés si ce qui en provient est égal, ou moindre, ou plus grand que le nombre donné. S'il est égal, le nombre posé est celui qu'on cherche ; Mais s'il est inégal marqués en la difference que l'on appelle l'erreur, à côté du nombre posé avec le signe de plus qui est ┼, s'il excede le nombre donné, ou avec le signe de moins qui est ──, s'il est moindre. Cela posé la question peut-être resoluë en deux manieres.

La premiere est celle-ci.

Divisés la somme des produits des deux nombres posés, multipliés par leurs erreurs reciproques, par la somme des mêmes erreurs, si les signes font differens, c'est à dire si l'une des erreurs est excedante & l'autre defaillante. Ou bien divisés la difference des mêmes produits par la difference des erreurs, si les signes font semblables, c'est à dire si les erreurs font toutes deux excedantes ou toutes deux deffaillantes : Et en l'un en l'autre cas, le quotient sera le nombre que l'on demande.

D d ij

La seconde maniere est celle-ci. Prenés, pour premier terme d'une regle de trois, la somme des erreurs si les signes sont differens, ou la difference des mêmes s'ils sont semblables; la premiere des erreurs pour second terme, & la difference des nombres posés pour troisiéme; Et ajoutant au quatrième terme trouvé le premier nombre posé, leur somme sera le nombre que l'on demande; Si ce n'est que les signes êtans tous deux de plus, la seconde erreur ne soit plus grande que la premiere; car en ce cas il faut souftraire le quatriéme terme trouvé du premier nombre posé pour avoir le nombre que l'on cherche. Comme dans ces exemples.

Nous pouvons resoudre plus facilement par cette Regle la Question des âges d'Alexandre, d'Epheftion, & de Clytus que nous avons expliquée parmi les exemples de la Regle de trois composée en ces termes.

Alexandre disoit un jour, j'ay deux ans plus qu'Epheftion, & moy, dit Clytus, j'ay quatre ans plus que vous deux. Surquoy Callistene se prit à soupirer & à dire: Vous me faites souvenir par vos trois ages, de celui qu'avoit mon pere quand il mourut qui êtoit de 96 ans. On demande l'âge d'Epheftion & des autres? Pour cet effet je pose 18 pour l'age d'Epheftion: donc celui d'Alexandre est 20; & celui de Clytus 42; & les trois ensemble 80; qui sont moindres que

le nombre donné 96 , & leur difference eſt 16, que je mets à côté
du nombre poſé 18, avec le ſigne
de moins —. Puis je poſe un autre
nombre 19 plus grand que le premier pour l'age d'Epheſtion : Donc
celui d'Alexandre ſera 21 ; celui de Clytus 44 ;
& les trois enſemble 84 ; qui ſont
encore moindres que 96 , & leur
difference eſt 12 que je mets avec le
ſigne de moins — à côté du nombre poſé 19. Cela êtant fait pour
reſoudre la queſtion par la premiere maniere. Multipliés les nom-
bres poſés par leurs erreurs reciproques c'eſt à
dire 18 par 12 dont le produit eſt 216, & 19 par
16 qui font 304 ; d'où ôtant le produit 216 ; parce que les ſignes ſont ſemblables, il reſte
88 que je diviſe par 4 difference des erreurs par la même raiſon ; & le quotient 22 eſt le nombre des ans d'Epheſtion ; donc celui d'Alexandre eſt 24,
celui de Clytus 50, & les trois enſemble 96.

  Par la ſeconde maniere : Prenés 4 difference
des erreurs, parce que les ſignes
ſont ſemblables , pour premier
terme de la Regle de trois ; 16
premiere erreur pour ſecond ; &
1 difference des nombres poſés

$$18 \longrightarrow 16$$
$$19 \longrightarrow 12$$
$$\overline{\;88\;|\;22\;}$$
$$4$$

$$18 \longrightarrow 16$$
$$\times$$
$$19 \longrightarrow 12$$
$$\overline{\;88\;|\;22\;}$$
$$\overline{4}\;|$$

$$\begin{array}{r} 22 \\ 24 \\ 50 \\ \hline 96 \end{array}$$

$$18 \longrightarrow 16$$
$$19 \longrightarrow 22$$
$$\overline{\qquad\qquad 18}$$
$$4 : 16 : 1 : 4$$
$$\overline{\qquad\qquad 22}$$

pour troiſiéme : le quatriéme ſera 4; auquel ajoutant le premier nombre poſé 18, nous avons toûjours 22 pour le nombre de l'age d'Epheſtion
que l'on cherche.

Faiſons maintenant d'autres poſitions : & prenons 20 pour l'age d'Epheſtion : donc celui d'A-
lexandre eſt 22 ; celui de Clytus 46 ; & les trois
enſemble 88 ; qui ſont moindres que le donné
96 , & leur difference eſt
8 , que je mets pour pre-
miere erreur ſous le ſigne
moins — à côté du pre-
mier poſé 20. Poſons pour
ſecond nombre 24 pour
l'age d'Epheſtion : donc
celui d'Alexandre eſt 26,
celui de Clytus 54 , & les
trois enſemble 1 0 4 , qui

$$20 \;-\; 8$$
$$24 \;+\; 8$$
$$\overline{}$$
$$352\,(\,22$$
$$\overline{}$$
$$16$$
$$\overline{}$$
$$16 : 8 : 4 : \frac{20}{2}$$
$$\overline{}$$
$$22$$

ſont plus grands que le nombre donné 96,& leur
difference eſt 8 que je poſe pour ſeconde erreur
avec le ſigne plus —+ à côté du ſecond nombre
poſé 24. Cela fait : pour reſoudre la queſtion
par la premiere maniere. Multipliant le premier nombre poſé 20 par la ſeconde erreur 8, le
produit eſt 160 ; & multipliant le ſecond nombre poſé 24 par la premiere erreur 8 , le produit
eſt 192 ; que j'ajoute enſemble , parce que les
ſignes ſont differens & leur ſomme eſt 352, qui
êtant diviſée par 16 ſomme des erreurs , don-

Liv. III. Chap. X. Regle de faux de deux positions.

ne pour quotient le même nombre 22 pour les ans d'Epheſtion.

Par la ſeconde maniere : Je prens 16, ſomme des erreurs, à cauſe que les ſignes ſont differens, pour premier terme de la regle de trois, la premiere erreur 8 pour ſecond terme, & 4 difference des nombres poſés pour troiſiéme : Et il vient 2 pour quatriéme terme, qui ajouté au premier nombre poſé 20 fait le même nombre 22.

Un homme dit : Ayant pris $\frac{1}{3}$ & $\frac{1}{4}$ ſur le tiers de mon argent & un eſcu de plus, il en reſtoit 100 livres. Je voudrois ſçavoir ce que j'avois ? Pour cet effet je poſe 36 pour la ſomme que l'on demande dont le tiers eſt 12 ; & $\frac{1}{3}$ de 12 eſt 4, $\frac{1}{4}$ du même eſt 3, qui font enſemble 7, & avec un eſcu pris de plus, c'eſt à dire 3 ₶ font 10 ₶. Leſquelles ſouſtraites de 12 laiſſent 2 ; Où il paroît que

36 — 98
X
720 — 3
70452 (741 $\frac{3}{5}$
95 36
95 : 98 : 684 : 705 $\frac{3}{5}$
741 $\frac{3}{5}$

l'erreur ſur cette poſition eſt de 98 que je poſe à côté du nombre 36, avec le ſigne moins —. Enſuite je poſe un autre nombre 720, dont le tiers eſt 240, & $\frac{1}{3}$ de 240 eſt 80, $\frac{1}{4}$ du même eſt 60, qui font enſemble 140, & 143 avec l'écu

pris de plus ou les 3 livres ;
& 143 ôtés de 240 lais-
sent 97 au lieu de 100.
Ainsi l'erreur sur cette
position est de 3 que je
pose à côté du nombre
posé 720 avec le signe
moins ⸺.

	36		720
	12		240
$\frac{1}{3}$	4		80
$\frac{1}{4}$	3		60
+	3		3
	10		143
	2		79
	100		100
	98		3

Cela fait, pour resoudre la question par la
premiere maniere : De la somme de 70560 pro-
duite de la multiplication
de 720 par 98, j'ôte 108
produit de la multiplica-
tion de 36 par 3 ; & divisant le reste par 95, difference des erreurs, (parce
que les signes sont sem-
blables) le quotient 741 $\frac{3}{5}$
est la somme que je cher-
che. Car le tiers de 741 $\frac{3}{5}$
c'est à dire de $\frac{3708}{5}$ est
$\frac{1236}{5}$; Et $\frac{1}{3}$ de cette somme
est $\frac{412}{5}$; $\frac{1}{4}$ est $\frac{309}{5}$ qui font
ensemble $\frac{721}{5}$: A quoy ajou-
tant les 3 livres prises de
plus , c'est à dire $\frac{15}{5}$ l'on à
$\frac{736}{5}$, qui ôtés de $\frac{1236}{5}$ laissent

$$\frac{3708}{5}$$

$$\frac{1236}{5}$$

$$\frac{1}{3} \quad \frac{412}{5}$$

$$\frac{1}{4} \quad \frac{309}{5}$$

$$\frac{15}{5}$$

$$\frac{736}{5}$$

$$\frac{500}{5} \Big(100$$

$$\frac{500}{5}$$

$\frac{500}{5}$ c'eſt à dire 100^{tt} conformement aux loix de la queſtion.

Par la ſeconde maniere : 95 difference des erreurs eſt le premier terme de la regle de trois, à cauſe que les ſignes ſont ſemblables ; 98 ſeconde erreur eſt le ſecond terme ; Et 684 difference des nombres poſés eſt le troiſiême ; Ainſi diviſant 67032 produit du ſecond & du troiſiéme par le premier 95 ; le quotient eſt 705 $\frac{3}{4}$ qui ajouté au premier nombre poſé 36 font 741 $\frac{3}{5}$.

Nous pouvons reſoudre la queſtion par d'au-

$$
\begin{array}{ll}
720 & 1080 \\
240 & 360 \\
\hline
\tfrac{1}{3}\ 80 & 120 \\
\tfrac{1}{4}\ 60 & 90 \\
3 & 3 \\
\hline
143 & 213 \\
97 & 147 \\
\hline
-\ 3 & +\ 47
\end{array}
$$

$$
\begin{array}{cc}
720 \ \rule{1em}{0.4pt}\ 3 \\
\text{X} \\
1080 \ +\ 47 \\
\hline
37080\ \big(\ 741\,\tfrac{3}{5} \\
\hline
50 \\
\quad\quad 720 \\
50:\ 3:\ 360:\ 21\,\tfrac{3}{5} \\
\hline
741\,\tfrac{3}{5}
\end{array}
$$

tres poſitions. Comme ſi je poſe 720 pour le premier nombre dont l'erreur à été trouvée 3 que je place avec le ſigne moins — à côté de 720. Et 1080 pour le ſecond, dont le tiers eſt 360 ; Et $\frac{1}{3}$ de 360 eſt 120 ; $\frac{1}{4}$ du même eſt 90,

$$
\begin{array}{cc}
720 & 1080 \\
240 & 360 \\
\hline
\tfrac{1}{3}\ 80 & 120 \\
\tfrac{1}{4}\ 60 & 90 \\
3 & 3 \\
\hline
143 & 213 \\
97 & 147 \\
\hline
-\ 3 & +\ 47
\end{array}
\qquad
\begin{array}{l}
720 \overline{\ \ \ } 3 \\
\quad\quad \times \\
1080 \dashv 47 \\
\hline
37080\ (\ 741\tfrac{3}{5} \\
\hline
50 \\
\qquad\qquad 720 \\
50:\ 3:\ 360:\ 21\tfrac{3}{5} \\
\hline
741\tfrac{3}{5}
\end{array}
$$

& 3 pris de plus font enſemble 213 , qui ôtés
de 360 laiſſent 143 qui excedent le nombre donné 100 de 47 , que je poſe à côté du nombre
1080, avec le ſigne plus ⊣.

Aprés quoy par la premiere maniere; Je diviſe 37080 , ſomme des produits de 1080 par 3
qui eſt 3240 , & de 720 par 47 qui eſt 33840,
par 50 ſomme des erreurs, (parce que les ſignes
font differens ;) & je trouve au quotient le même
nombre 741 $\tfrac{3}{5}$.

Par la ſeconde maniere ; le premier terme de
la Regle de trois eſt 50 ſomme des erreurs, (parce que les ſignes font differens :) le ſecond eſt
3 ſeconde erreur ; & le troiſiéme eſt 360 difference des nombres poſés : qui produiſent pour
quatriéme 21 $\tfrac{3}{5}$, qui joint au premier nombre
poſé 720 , font toûjours le même nombre 741 $\tfrac{3}{5}$.

Archimede découvrit la fraude de l'Orfevre qui avoit mêlé de l'argent dans la couronne d'or qu'il avoit faite pour Hieron Roy de
Siracufe, en plongeant la couronne dans un Vaze
plein d'eau, & pefant exactement l'eau qu'elle
en avoit fait fortir. Car fçachant d'ailleurs que
deux maffes l'une d'eau & l'autre d'or de même
poids font entr'elles pour la grandeur comme
19 à 1, & que deux maffes de même poids l'u-
ne d'eau & l'autre d'argent font comme 31 à 3,
il pût faire fa regle ainfi. Pofons que la couronne d'or du poids de 50 marcs eût fait fortir le poids de 3 marcs d'eau ; au lieu qu'étant
de pur or elle n'auroit fait fortir que $2\frac{12}{19}$ marcs,
fur cette hypothefe : pofons que l'Orfevre ait
mêlé à l'or 8 marcs d'argent & partant il n'y a
que 42 marcs d'or. Puis difons : fi 31 donnent 3,
que donneront 8 ? Et nous aurons $\frac{24}{31}$ de marc

$$31 : 3 : 8 : \frac{24}{31}$$
$$19 : 1 : 42 : \frac{42}{19}$$
$$2\frac{580}{589}$$

$$8 \quad - \quad \frac{9}{589}$$
$$10 \quad + \quad \frac{43}{589}$$
$$434 \; (8\frac{9}{26}$$
$$52$$
$$8$$
$$\frac{52}{589} : \frac{9}{589} : 2 : \quad \frac{9}{26}$$
$$8\frac{9}{26}$$

$$31 : 3 : 8 : \frac{24}{3.1}$$

$$19 : 1 : 42 : \frac{42}{19}$$

$$2\,\frac{580}{589}$$

$$8 \; \longrightarrow \; \frac{9}{589}$$

$$10 \; + \; \frac{43}{589}$$

$$\frac{434}{52} \; (8\,\tfrac{9}{26}$$

$$8$$

$$\frac{52}{589} : \frac{9}{589} : 2 : \frac{9}{26}$$

$$8\,\frac{9}{26}$$

d'eau pour les 8 marcs d'argent. Enſuite diſons
ſi 19 donne 1 que donneront 42 ? Et nous aurons
$\frac{42}{19}$ de marc d'eau pour les 42 marcs d'or ; & ajoutant ces deux fractions enſemble nous aurons
$2\,\frac{580}{589}$ marcs d'eau pour les 50 marcs d'or & d'argent ; au lieu de 3 marcs d'eau pour 50 marcs
d'eau de la couronne. Il y a donc erreur de moins
de $\frac{9}{589}$ ſur la poſition de 8 marcs d'argent ; ainſi
je poſe $\frac{9}{589}$ avec le ſigne moins — à côté du
nombre poſé 8. Puis je fais une autre hypote-
ſe , & poſe 10 pour le nombre des marcs d'argent ; donc ceux d'or ſeront 40, & faiſant les
mêmes regles de trois : ſi 31
donne 3 , que donneront 10 ?
& ſi 19 donne 1, que donne-
ront 40 ? je trouve $\frac{30}{31}$ & $\frac{40}{19}$ c'eſt
à dire $3\,\frac{43}{589}$ marcs d'eau pour
l'or & l'argent de la ſeconde

$$31 : 3 : 10 : \frac{30}{31}$$

$$19 : 1 : 40 : \frac{40}{19}$$

$$3\,\frac{43}{589}$$

Liv. III. Chap. X. Regle de faux de deux positions.

position, qui excedent les 3 marcs de la couronne de $\frac{43}{589}$ que je pose avec le signe plus + à côté du nombre posé 10.

$$8 - \frac{9}{589}$$
$$10 + \frac{43}{589}$$
$$\frac{434}{52}\left(8 \frac{9}{26}\right.$$
$$8$$
$$\frac{52}{589} : \frac{9}{589} : 2 : \frac{9}{26}$$
$$8 \frac{9}{26}$$

Cela fait par la premiere maniere. Je prens $\frac{434}{589}$, somme des produits des nombres posés par leurs erreurs reciproques, c'est à dire de 8 par $\frac{47}{589}$ & de 10 par $\frac{9}{589}$, que je divise par $\frac{52}{589}$ somme des erreurs, (parce que les signes sont differents) & le quotient 8 $\frac{9}{26}$ est le nombre des marcs d'argent mêlé dans la Couronne avec 41 $\frac{17}{26}$ marcs d'or. Car faisant les regles de trois, si 31 donnent 3 que donneront 8 $\frac{9}{26}$? Et si 19 donnent 1 que donneront 41 $\frac{17}{26}$? l'on trouvera $\frac{651}{806}$ de marcs d'eau pour l'argent & $\frac{1083}{494}$ de marc d'eau pour l'or, qui font ensemble $\frac{1194492}{398164}$, c'est à dire 3 marcs d'eau conformément à l'hypothese.

$$31 : 3 : 8 \frac{9}{26} : \frac{651}{806}$$
$$19 : 1 : 41 \frac{17}{26} : \frac{1083}{494}$$
$$\frac{1194492}{398164}\left(3\right.$$

Par la seconde maniere : je prens $\frac{52}{589}$ somme des erreurs pour premier terme, à cause que les signes sont differens : la premiere erreur $\frac{9}{589}$ pour second : & 2 difference des deux nombres posés pour troisiéme terme de la regle de trois ; dont le quatriéme est $\frac{9}{26}$, qui joint au premier nombre posé 8 , donne le même $8\frac{9}{26}$ pour celui que l'on cherche.

Si nous servant du nombre 10 pour la premiere position dont l'erreur est 43 avec le signe plus $+$ nous prenons 11 pour seconde position

$$31 : 3 : 11 : \frac{33}{31}$$
$$19 : 1 : 39 : \frac{39}{19}$$
$$\overline{\quad 1836 \; (3 \frac{69}{589} \quad}$$
$$589$$

$$10 \; + \; \frac{43}{589}$$
$$X$$
$$11 \; + \; \frac{69}{589}$$
$$\overline{\quad 217 \quad (8 \frac{9}{26} \quad}$$
$$26 \qquad 10$$
$$\frac{26}{589} : \frac{43}{589} : 1 : \; 1\frac{17}{26}$$
$$8\frac{9}{26}$$

des mars d'argent ; ceux d'or seront 39 marcs : & par les regles de trois nous trouverons $\frac{33}{31}$ de marcs d'eau pour l'argent , & $\frac{39}{19}$ pour l'or, qui font ensemble $\frac{1836}{589}$ ou $3\frac{69}{589}$, dont l'erreur au dessus des trois marcs de la couronne est par consequent de $\frac{69}{589}$ que je place avec le signe de plus $+$ à côté du nombre posé 11. Puis par la premiere maniere : je prens $\frac{217}{589}$ qui est la difference des deux produits , sçavoir de $\frac{690}{589}$ fait de 10 par $\frac{69}{589}$, & de $\frac{473}{589}$ fait de 11 par $\frac{43}{589}$; que je divise par $\frac{26}{589}$ difference des erreurs (à cause qu'elles sont semblables,) & le quotient me donne toujours le même nombre $8\frac{9}{26}$ pour la quantité des marcs d'argent mêlé dans la couronne.

Par la seconde maniere : le premier terme de

la Regle de trois est $\frac{26}{589}$ difference des erreurs, à cause que les signes sont semblables : le second terme est $\frac{43}{589}$ premiere erreur : le troisiéme est 1 difference des nombres posés : & le quatriéme devient $\frac{43}{26}$ ou 1 $\frac{17}{26}$: qui êtant ôté du premier nombre posé 10 , à cause que les erreurs êtant toutes deux excedantes, la seconde est plus grande que la premiere , laissent 8 $\frac{2}{26}$ pour le même nombre que l'on cherche.

LIVRE QUATRIE'ME.

CHAPITRE PREMIER.

Des progreſſions.

IL y a de deux ſortes de progreſſions, l'une que l'on appelle Aritmetique, & l'autre Geometrique. La progreſſion Arithmetique eſt une ſuite des nombres en continuelle proportion Arithmetique, c'eſt à dire de ceux dont les differences ſont toutes égales ; Et la progreſſion Geometrique eſt une ſuite de nombres en continuelle proportion Geometrique, c'eſt à dire de ceux dont les differences ſont entr'elles en la même raiſon des nombres de la progreſſion.

CHAPITRE II.

Progreſſion Arithmetique.

UNe ſuite des nombres dont les differences ſont égales, s'appelle donc Progreſſion Arithmetique, comme ſont les nombres dans leur

leur suite naturelle 1 : 2 : 3 : 4 : 5 : 6 : 7 : &c. dont Lɪᴠ. ɪᴠ.
Cʜᴀᴘ. ɪɪ.
Progreſſion
Arithmeti-
que.
la difference eſt par tout 1. Ainſi 1 : 3 : 5 : 7 : 9 :
11 : &c. qui font la ſuite des nombres impairs,
font auſſi une progreſſion Arithmetique dont
la difference eſt 2. Ainſi 2 : 4 : 6 : 8 : 10 : 12 &c.
qui font la ſuite des nombres pairs, en font une
autre dont la difference eſt auſſi 2. Ainſi 4 : 8 :
12 : 16 : en font encore une dont la difference
eſt 4.

Dans cette Progreſſion ; la ſomme des termes
extrêmes ; celles des termes également élognés
des extrêmes ; & le double de celui du milieu
ſi le nombres des termes eſt impair ; font toutes égales entr'elles. Ainſi dans cette ſuite 1, 2, 3,
4, 5, 6, 7 naturelle de ſept termes, la ſomme
du premier 1 & ſeptiéme 7 qui eſt 8, eſt égale
à celle du ſecond 2 & du ſixiéme 6 ; & à celle
du troiſiéme 3 & du cinquiéme 5 ; & au double
de celui du milieu 4. Ainſi dans cette autre progreſſion 1, 3, 5, 7, 9, 11 ; le premier 1 & le dernier
11 font 12 ; auſſi bien que le ſecond 3 & le cinquiéme 9 ; & le troiſiéme 5 & le quatriéme 7. Et
dans celle-ci 4, 8, 12, 16, 20 ; le premier 4 & le
dernier 20 font 24 ; auſſi-bien que 8 & 16 ; & le
double du milieu 12. D'où il arrive que pour
conoître la ſomme de tous les nombres d'une
progreſſion Arithmetique, il ne faut qu'ajouter
le premier & le dernier, & multiplier leur ſomme par le nombre des termes de la progreſſion ;

Ff

car la moitié du produit ſera la ſomme de tous les termes que l'on demande.

Ainſi dans cette progreſſion 1, 2, 3, 4, 5, 6, 7, ajoutés les deux extrêmes 1 & 7 ; & multipliés leur produit 8 par le nombre des termes 7, vous aurés 56, dont la moitié 28 eſt la ſomme de tous les termes. Ainſi dans celle-ci 1, 3, 5, 7, 9, 11, 13, 15, ajoutés 1 à 15 & multipliés leur ſomme 16 par 8 nombre des termes, leur produit 128 diviſé en deux, donnera 64 pour la ſomme de tous les nombres. Ainſi dans celle-ci 7, 10, 13, 16, 19, 22, 25 : ajoutés les extrêmes 7 & 25, & multipliés leur ſomme 32 par 7 nombre des termes, le produit ſera 224, & ſa moitié 112 égale à la ſomme de tous les nombres de la Progreſſion.

Vous aurés la même ſomme en multipliant celle des extrêmes par la moitié du nombre des termes ; ou le nombre des termes par la moitié de la ſomme des extrêmes.

Voici une queſtion ſur le même ſujet. Un homme à mis cent pierres en ligne droite éloignées d'une toiſe l'une de l'autre ; puis ſe mettant à une toiſe de la premiere, il commande à ſon valet de les prendre & les lui aporter l'une aprés l'autre. On demande quel chemin fera le valet ? Il paroît que ces pierres ſont dans des diſtances qui font une progreſſion Arithmetique, dont le premier terme eſt 1 & le dernier eſt 100, auſſi bien que le nombre des termes. Ainſi ajoutant le premier

au dernier, multipliés leur somme 101 par 100 Liv. IV.
Chap. III.
Progression
Arithmetique.
nombre des termes, & vous aurés 10100 toises,
dont la moitié 5050 toises est le chemin que le
valet fera en allant à chaque pierre : Mais parce
qu'il faut autant de chemin à revenir qu'à aller,
il paroît que tout le chemin que le Valet fera,
sera de 10100 toises, c'est à dire plus de demi
lieüe commune.

Si vous sçavés le premier des termes d'une
progression Arithmetique, leur difference &
leur nombre : vous pourrés facilement avoir le
dernier sans comoître les autres ; Et par son
moyen sçavoir quelle est la somme de tous les
termes de la progression en cette maniere.

Otés 1 du nombre des termes, & multipliant
le reste par leur difference, ajoutés au produit
le premier terme, & leur somme sera le dernier
que vous cherchés : auquel ajoutant le premier, comme nous avons dit cy-devant, & multipliant leur somme par le nombre des termes,
vous aurés au produit, le double de toute leur
somme. Ainsi, si l'on demande quel est le huitiéme terme d'une progression dont le premier
terme soit 3 & la difference 4 ; vous n'avés qu'à
ôter 1 du 8 nombre des termes, & multiplier
le reste 7 par la difference 4 ; Car ajoutant au
produit 28, le premier terme donné 3, vous aurés 31 pour le huitiéme terme que vous cherchés

3 : 7 : 11 : 15 : 19 : 23 : 27 : 31. De sorte que

pour ſçavoir quelle eſt la ſomme de tous les huit termes de cette progreſſion , il ne faut qu'ajouter le premier 3 au dernier 31, & multiplier.leur ſomme 34 par 4 moitié du nombre des termes , pour avoir 136 pour la ſomme que l'on demande. Surquoy l'on peut faire cette queſtion.

Le Roy , pour recompenſer la vertu des Soldats qui ont forcé une place, choiſit dix de ceux qui s'y ſont ſignalés , & donne à celui qui y eſt entré le premier une certaine ſomme de piſtolles ; au ſecond cinq piſtolles moins qu'au premier; au troiſiéme cinq moins qu'au ſecond, & ainſi de ſuitte juſqu'au dernier qui ſe trouve avoir 12 piſtolles pour ſa part. On demande quelle eſt la part de celui qui eſt entré le premier ? & la ſomme des piſtolles qu'il en coute au Roy ? Où l'on voit que ceci eſt une progreſſion renverſée dont le premier terme donné eſt 12 , le nombre des termes 10 , & leur difference 5. Ainſi pour trouver le dernier qui eſt la part de celui qui eſt entré le premier dans la place ; ôtés 1 de 10 nombre des termes , & multipliés le reſte 9 par leur difference 5 ; puis ajoutant au produit 45 le premier terme 12 , vous aurés 57

12 : 17 : 22 : 27 : 32 : 37 : 42 : 47 : 52 : 57.

piſtoles pour l'argent du premier ou pour mieux dire du dernier de la progreſſion. Maintenant fi à 57 dernier terme vous ajoutés le premier 12, leur fomme 69 multipliée par 5 moitié du nombre des termes, donnera 345 pour le nombre des piftoles qu'il en coute au Roy.

CHAPITRE III.

Progreſſion Geometrique.

LA Progreſſion Geometrique eſt une fuite de nombres qui font en continuelle proportion geometrique comme ceux-ci 1, 2, 4, 8, 16, 32, dont la proportion eſt double; Ou comme ceux-ci 1, 3, 9, 27, 81, qui font en proportion triple ; ou ceux-ci 6, 18, 54, 162, 486 ; qui font auſſi en proportion triple ; ou ceux-ci, 3, 12, 48, 192, 768, en proportion quadruple : & ainſi des autres.

Ses principales proprietés font, que les produits des nombres extrêmes font égaux à ceux des nombres également élognés des extrêmes, & au quarré de celui du milieu lors que le nombre des termes eſt impair. Et partant pour ſçavoir la fomme de tous ces produits, il ne faut que multiplier un de ces produits par la moitié de la fomme des termes, ou la fomme des termes par la moitié d'un des produits.

Si vous multipliés le fecond terme d'une Progreſſion Geometrique par luy-même autant de

Ff iij

fois qu'il y a de termes moins deux ; Le dernier
produit diviſé par le dernier produit du premier terme multiplié par luy-même autant de
fois qu'il y a de termes moins 3, donnera le dernier terme de la progreſſion pour quotient.
Comme en cette progreſſion 3: 12: 48: 192:
768: 3072 : qui eſt de ſix termes , multipliés le
ſecond terme 12 quatre fois par lui-même en

$$
\begin{array}{cccc}
12 & 144 & 1728 & 20736 \\
12 & 12 & 12 & 12 \\
\hline
144 & 1728 & 20736 & 248832 \ \Big(3072 \\
& & & \overline{81}
\end{array}
$$

$$
\begin{array}{ccc}
3 & 9 & 27 \\
3 & 3 & 3 \\
\hline
9 & 27 & 81
\end{array}
$$

cette maniere , & diviſés le dernier produit
248832 par 81 dernier produit du premier terme 3 multiplié trois fois par lui-même ; le quotient 3072 ſera le ſixiéme terme de la même
progreſſion. Ainſi dans celle-ci de 8 termes
2: 4: 8: 16: 32: 64: 128: 256: ſi je multiplie le ſecond terme 4 ſix fois par lui-même
en cette ſorte ; En diviſant le dernier produit
16384 par 64 dernier produit du premier terme 2 multiplié cinq fois par lui-même ; le quotient 256 donnera le huitiéme terme de la progreſſion propoſée.

4	16	64	256	1024	4096	
4	4	4	4	4	4	
16	64	256	1024	4096	16384	256
						64

2	4	8	16	32	
2	2	2	2	2	
4	8	16	32	64	

D'où il s'enſuit que les deux premiers termes,
& le nombre des termes d'une progreſſion Geometrique êtant donnés ; vous pouvés venir à la
connoiſſance du dernier terme.

En toute progreſſion Geometrique qui commence par 1 : le quarré de quelque terme que ce
ſoit, eſt autant élogné du terme dont il eſt le
quarré, que cette racine eſt élognée de l'unité.

1, 2, 4, 8, 16, 32, 64, 128, 256, 512, 1024.

Ainſi dans cette progreſſion 16 quarré de 4, eſt
autant élogné du même 4, que 4 eſt élogné de
1. Ainſi le neuviéme terme 256 eſt autant élogné
de ſa racine 16 cinquiéme terme, que le même 16
eſt élogné de 1.

En toute progreſſion Geometrique qui commence par 1 : ſi un terme eſt multiplié par un
autre quel qu'il ſoit ; le produit ſera autant
élogné du terme multiplié que le terme multipliant eſt élogné de l'unité.

1	2	3	4	5	6	7	8	9	10	11	12	13	14
1,	2,	4,	8,	16,	32,	64,	128,	256,	512,	1024,	2048,	4096,	8192.

Ainſi 8192 quatorziéme terme de la progreſſion double , & produit par 512 dixiéme terme
multiplié par 16 cinquiéme terme ; eſt autant
êlogné de 512, que 16 eſt élogné de 1; ou bien autant élogné de 16 que 512 eſt élogné de 1.

Ces deux regles êtant poſées : il n'eſt pas ma-
laiſé de trouver tel terme que l'on veut en toute progreſſion Geometrique qui commence par
1. Car le quarré du ſecond terme donnera le
troiſiéme ; le quarré du troiſiéme ſera le cinquiême terme ; le quarré du cinquiéme ſera le
neuviéme ; le quarré du neuviéme ſera le dixſeptiéme ; le quarré du dixſeptiéme ſera le trente troiſiéme ; le quarré du trente troiſiême ſera le
ſoixante cinquiême ; Et ainſi à l'infini. Et pour
avoir les termes qui ſont entre ces quarrés, il ne
faut que multiplier celui des trouvés qui en eſt
le plus proche au deſſous, par le terme de la même
progreſſion autant élogné de l'unité que le nombre que l'on multiplie eſt élogné de celui que l'on
cherche ; lequel ſera le produit de la multiplication. Ce qui ſe peut ainſi faire par la diviſion.

Ainſi 1 & 2 premiers termes de la progreſſion
double étant donnés ; 4 quarré du ſecond 2
ſera le troiſiéme terme ; 16 quarré du troiſiéme
4 ſera le cinquiéme ; & ſon quarré 256 le neuviéme ; & 65536 quarré de 256, ſera le dixſeptiéme;
& 4294967296 quarré de 65536 ſera le trente-
troiſiéme terme ; Et 18446744073709551616
quarré

quarré de 4294967296 eſt le ſoixante cinquiéme. Et ainſi des autres.

Maintenant pour trover par exemple le huitiéme terme 128 ; il ne faut que multiplier le
cinquiéme 16 par le troiſiéme 8 : car le cinquiéme eſt autant élogné du huitiéme que le
troiſiéme eſt de l'unité. Ainſi multipliant le dixſeptiéme 65536 par le huitiéme 128, l'on aura le
vingt-quatriéme 8388608 & ainſi des autres.

Si le premier, le ſecond & le dernier terme
d'une progreſſion Geometrique, quelle qu'elle
ſoit, ſont donnés ; On pourra conoître la ſomme de tous les termes, en diviſant la difference
du quarré du premier & du produit du dernier
& du ſecond, par la difference du premier & du
ſecond ; car le quotient ſera la ſomme que l'on
demande.

Comme ſi l'on veut ſçavoir quelle eſt la ſomme de dix nombres en progreſſion double dont
le premier eſt 5, & partant le ſecond eſt 10; Et
pour trouver le dixiéme il faut multiplier le ſecond 10 par ſoy-même huit fois, & diviſer le

10	100	1000	10000	100000	1000000	10000000	100000000	
10	10	10	10	10	10	10	10	
100	1000	10000	100000	1000000	10000000	100000000	1000000000	2560

390625

5	25	125	625	3125	16625	78125	
5	5	5	5	5	5	5	
25	125	625	3125	16625	78125	390625	

dernier produit 1000000000 par 390625, qui eft le dernier produit du premier terme 5 multiplié fept fois par lui-même; pour avoir au quotient 2560, dixiéme terme de la progreffion que l'on demande. De forte que pour avoir la fomme de tous les termes, il n'y a qu'à multiplier ce dernier terme 2560 par le fecond 10, & ôter du produit 25600 le quarré du premier c'eft à dire 25, puis divifer le refte 25575 par 5, c'eft à dire par la difference du premier 5 & du fecond 10, afin d'avoir 5115 au quotient pour la fomme des dix termes d'une progreffion double dont le premier terme eft 5.

Cette même fomme auroit été plus facilement trouvée, en ôtant le premier terme 5 du double du dernier 2560; par cette proprieté de la progreffion Geometrique double, qui eft que le dernier terme, moins le premier, eft égal à la fomme de tous les termes precedens.

Si le premier & le dernier terme d'une progreffion font donnés & le denominateur de la raifon des termes; l'on pourra aifement trouver la fomme de tous les termes par cette regle. Otés le premier du dernier & divifés le refte par le denominateur moins 1; puis ajoutés le dernier terme au quotient & vous aurés la fomme que vous cherchés.

Comme fi 9 eft le premier, & 177147 dernier terme d'une progreffion triple dont le denomi-

nateur est par conséquent 3 : ôtés 9 de 177147 & L I v. I v.
divisés le reste 177138 par 2 c'est à dire par le C H A p. I I I.
denominateur 3 moins 1, vous aurés 88569 au Progreſſion Geometrique.
quotient ; qui ajoutés au dernier terme 177147
font 265716 pour la ſomme de tous les termes.

Surquoy l'on fait diverſes queſtions, comme
celle-ci.

Un Maréchal dit à un homme qui veut faire
ferrer ſon Cheval des quatre pieds ; je mettray,
dit-il, ſix clous à chaque fer, & pour vous faire
bon marché je me contante d'un denier pour
le premier clou, de deux deniers pour le ſecond,
de quatre deniers pour le troiſiéme, & ainſi toujours en doublant juſqu'au dernier. On demande quelle eſt la condition du Maréchal?
Pour cet effet comme nous avons trouvé cy-devant, que le vingt quatriéme terme d'une progreſſion double, qui commencera comme celle-ci par 1, eſt 8188608; du double duquel ôtant
1 vous aurés 16773215 deniers pour la ſomme du
Maréchal, laquelle diviſée par 240 qui eſt le
nombre des deniers contenus dans une livre,
fait 69938 ^{tt} 7 ß 11 &.

La ſomme auroit êté bien plus grande ſi la
progreſſion s'êtoit faite en proportion triple ;
C'eſt à dire un denier pour le premier clou; 3
deniers pour le ſecond ; 9 pour le troiſième &c;
Car trouvant par les regles que nous venons
d'enſeigner le vingt quatriéme terme de cette
progreſſion qui eſt 94143178827 , & en ôtant le

premier terme 1, ſi l'on diviſe le reſte 94143178826 par 2, c'eſt à dire par le Denominateur de la raiſon triple qui eſt 3 moins 1 , l'on aura 47071589413 au quotient, qui ajouté au dernier terme 94143178827, donne 141214768240 pour la ſomme des deniers ; laquelle diviſée par 240, fait 588394867 ᵗᵗ 8 ß 4 ₰.

Un Eſchiquier à 64 quarreaux. L'on met une epingle au premier , 2 au ſecond , 4 au troiſiéme , 8 au quatriéme , & ainſi de ſuite juſqu'au dernier en progreſſion double. On demande Quelle ſera la quantité des Eſpingles ? Pour cet effet il n'y a qu'à ôter 1 du ſoixante cinquiéme terme de la progreſſion double , que nous avons trouvée ci-devant & qui eſt

$$18446744073709551615$$

pour avoir celui que vous demandés ; que vous pourrés reduire en livres , ſi vous eſtimés un ſol chaque cent d'Epingles ; Car vous n'aurés qu'à retrancher les trois dernieres figures & prendre la moitié du reſte. C'eſt à dire que cette quantité d'Epingles vaudra

$$922337203685477 5 ^{tt} 16 ß 2 ₰.$$

F I N.

---

lement , Prevofts , Baillifs , Senéchaux , leurs Lieute-
nans & tous nos autres Jufticiers & Officiers qu'il ap-
partiendra , S A L U T : Nôtre cher & bien amé le fieur
B L O N D E L Maréchal de nos Camps & Armées ,
Maître pour enfeigner les Mathematiques à nôtre
tres-cher & tres amé fils L E D A U P H I N , ayant compofé divers Ouvrages pour l'inftruction de nôtredit Fils,
Sçavoir : La Nouvelle Maniere de Fortifier les Places ;
l'Art de jetter les Bombes ; & un Cours de Mathematique compofé de plufieurs Traités de Geometrie , D'A-
RITHMETIQUE , d'Optique , de la Sphere , de Mechanique
& autres , Nous aurions eu lefdits Ouvrages tres-agrea-
bles ; Et voulant qu'ils foient donnés au public , &
en même temps procurer audit fieur B L O N D E L l'u-
tilité qui peut revenir de l'impreffion d'iceux. A C E S
C A U S E S & autres à ce nous mouvant , de nôtre
grace fpeciale , pleine puiffance & autorité Royale ,
Nous avons audit fieur B L O N D E L accordé & octroyé ,
accordons & octroyons par ces prefentes fignées de
nôtre main , la faculté & privilege de faire imprimer vendre & debiter lefdits Ouvrages de La Nouvelle Maniere de Fortifierles Places , l'Art de jetter
les Bombes , & ledit Cours de Mathematique , pendant le temps & efpace de vingt années , à commencer du jour qu'ils feront achevés d'imprimer pour
la premiere fois : Pendant lequel temps Nous avons
fait & faifons tres-expreffes inhibitions & defenfes à
tous Imprimeurs & Libraires de nôtre Royaume , Pays,
Terres & Seigneuries de nôtre obeïffance , & à toutes perfonnes de quelque qualité & condition qu'elles puiffent être , d'imprimer , faire imprimer , con-
trefaire ou imiter , vendre , debiter lefdits Ouvrages ,
fous pretexte d'augmentation , correction , changement
ou autrement , fans le confentement par écrit dudit
fieur B L O N D E L ou de ceux qui auront droit de
luy , à peine de fix mil livres d'Amande , applicable

Gg iij

un tiers à Nous, un tiers à l'Hôpital General de nôtre bonne Ville de Paris, & l'autre tiers audit sieur BLONDEL ou à ceux qui auront droit de luy, de confiscation des Ouvrages contrefaits & de tous despens domages & interests. Si vous mandons et ordonnons que du contenu en ces presentes vous ayés à faire joüir & user ledit sieur BLONDEL, & ayant cause, pleinement & paisiblement, cessant & faisant cesser tous troubles & empêchemens. Voulons qu'aux coppies des presentes deuëment collationnées par l'un de nos amez & feaux Conseillers Secretaires, foy soit ajoutée comme à l'Original. Commandons au premier nôtre Huissier ou Sergent sur ce requis, de faire pour l'execution des presentes tous Actes & exploits necessaires, sans pour ce demander autre permission, nonobstant Clameur de Haro, Charte Normande, prise à partie & autres Lettres à ce contraires : Car tel est nôtre plaisir. Donné à S. Germain en Laye le quinziéme jour du mois de Decembre, l'an de grace mil six cens quatre vingt un & de nôtre Regne le trente neuviéme. Signé LOUIS; Et plus bas, par le Roy, COLBERT, & Sellé du grand sceau de cire jaune.

Et à côté est écrit. *Registré* sur le Livre de la Communauté des Libraires & Imprimeurs de Paris, le 12 Janvier 1682. Suivant l'Arrest du Parlement du 8 Avril 1653. Et celui du Conseil privé du Roy du 27 Fevrier 1665. Signé ANGOT Sindic.

Achevé d'Imprimer pour la premiere fois, le diziéme May 1682.

De l'Imprimerie de FRANÇOIS LE COINTE, ruë des Sept-Voyes proche le College de Reims.